中国百厨轻奢美食

中国百厨轻奢美食

张正龙/编著

上海科学普及出版社

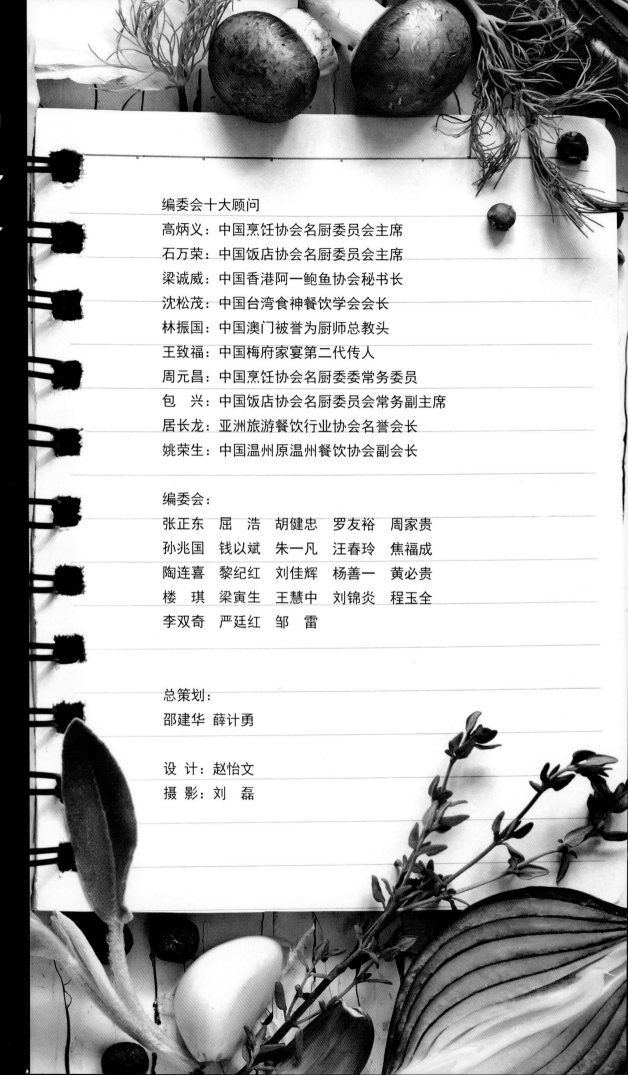

张正龙

主编张正龙其人其事

　　张正龙是一名厨师，一名成功的厨师；张正龙又是个老板，一个有想法的老板。他从当小工开始，一直到厨师长、行政总厨、包了几十家饭店厨房的"包厨王"，再到有相当知名度的供应商老板，整整30年。一步一个脚印，踏踏实实地走来，如今他的事业如日中天。尽管他已经不再在灶台上挥汗，但是灶台才是他走向辉煌人生的台阶。作为反哺，他在思考如何让大家的灶台生活更加精彩。

　　张正龙很早就获得了中国烹饪大师、国家烹饪一级评委、国家高级技师头衔，现任中国饭店协会名厨委员会副主席、中国食文化研究会副会长、中国国缘行业协会会长、中国烹饪协会执委、上海旅游专科学校餐饮专业客座教授、上海餐饮烹饪行业协会理事、上海水产商会副会长、上海东耀酒店管理有限公司南方区董事长、上海申特创意菜食品有限公司董事长。

　　说起成长过程，张政龙最要感恩的是他的4位师傅。1985年高中毕业的张正龙跟随上海老饭店赵松发大师学徒，从此步入厨师生涯，从上海本帮菜学起。1991年跟随希尔顿杨焕志大师一起工作，学做港式粤菜。1993年跟随上海百年老店和平饭店蒋友福大师工作，学习官府菜和创意菜。1996年拜师淮扬菜泰斗王致福，学习淮扬菜梅府家宴菜。正是这几位大师，带着他一步步走向烹饪事业的高峰。对于大师对他的培养，他念念不忘。这些大师都已退休在家，张正龙依然时不时地登门拜访，一有空闲时间就请他们到他管理的饭店吃饭聊天。大师家里有些什么事情，第一个到场的一定是他。

　　他参加了好几届的全国大赛，多次获得大赛个人金奖。1997年参加全上海太湖大闸蟹大赛，荣获蟹粉宴第一名。一味蟹粉做出了24道美味佳肴，并受邀来到上海电视台，与著名美食节目主持人阿彦一起讲蟹粉菜的创意和制作。在台湾电视台组织的食神争霸赛上获得"食神"称号；并和影视明星刘仪伟、詹世强一起，在星空卫视栏目直播红烧鮰鱼、鳜鱼三敲馄饨两道菜，受到业内外广泛好评。同年他经遴选评上"烹饪艺术家"称号，成为《东方美食》杂志的封面人物。

　　1999年张正龙与胞弟张正东成立上海东耀餐饮管理有限公司，到了2006年已发展成管理着全国20多个城市100多家酒店，包括澳大利亚一家连锁酒店的大公司。公司还开出了东耀北京分公司、东耀香港酒店管理有限公司。上海申特创意菜食品有限公司则是张正龙开设的另一家公司，专门做新概念菜肴的原料供应。它与一般原料供应商的最大区别，是所有产品都经过了张正龙的设计和考量，保证色味形新颖，饭店拿去即能操作供应，毛利高。张正龙的理念是，只有店家赚到钱，我才能拿些服务费。

张正龙能文能武，在各类烹饪杂志上发表了许多专业论文，谈菜肴，论管理。还先后主编、合编了《当代沪上百厨》、《上海当红总厨创新菜》、《中国海派美食》，个人著作有《大厨新煮张》、《烹饪教室图解创意菜》、《京沪都市融合菜》。

张正龙从自己的成长过程看到了年轻厨师对于成功的渴望，于是他收了几十名热爱烹饪的徒弟，利用他的包厨平台，手把手地教，教会了再引荐到新的更有发展前途的企业里去担任厨师长、行政总厨、总经理。近年来张正龙在互联网上建了一个很大的群，群友有几千人。这些人都是全国各地餐企的董事长、总经理和行政总厨。大家在这个平台上相互交流，共享资源。包括这本《中国百厨轻奢美食》的编辑出版，也是这个群的产物。大家觉得出一本书能更好地反映全国各地当下热销的特色美馔，也能直接为企业创造效益。

是好事，一定要做好。这是挂在张正龙嘴边的话。他是这样说的，也是这样做的。

目录

成 伟
养生野米捞澳带豆腐....................1

常 宇
翅汤蟹粉虾球........................2

陈 耀
秘制酱烤牛肋骨......................3

蔡鹏飞
藏花浸鳕鱼..........................4

陈荣涛
文火煎焗黄牛尾配有机小蘑菇..........5

陈 杨
冰镇荷塘游水虾......................6

陈彦青
雪蛤汁养颜千层青瓜..................7

陈 元
香卤猪手............................8

程育胜
宫爆汁鳕鱼配乌米饭..................9

陈胜贤
橙香雪山肋排.......................10

陈 磊
野生芥菜养生丸.....................11

陈明生
养生杂粮盅.........................12

陈(洛)飞
脆脆香.............................13

陈俊凯
松露汁煎鳕鱼.......................14

仇 俊
玫瑰飘香松板肉.....................15

戴长杰
香煎龙鳕鱼.........................16

范 苑
阿拉斯加海参捞饭...................17

方为亮
虫草汁烩关东参.....................18

符 兵
五谷锦绣养生粥.....................19

付 强
甜蜜三宝...........................20

高云勇
松露酱焗南宁膏蟹...................21

葛红彪
酥皮烤大虾.........................22

顾培峰
腊味糍饭糕.........................23

郭金涛
玛咖百粒鳕花米.....................24

韩 军
松茸藏蛋糕.........................25

何小同
三文鱼西蓝花塔.....................26

胡绍雄
火焰牛肋骨.........................27

华 利
秋风起刀板香.......................28

黄 健
添香烤鱼...........................29

黄小慧
清汤菊花鱼唇.......................30

郏 鹏
澳芒烟熏三文鱼.....................31

蒋朝军
青石黑椒顶级牛肉...................32

蒋春旺
浓汁烩海藻鱼唇.....................33

李建超
浓汤香菌时蔬豆腐...................34

李双琦
橙味有机蛋.........................35

李 涛
参鸡汤.............................36

李涛洪
奶酪老汤肘花.......................37

李 伟
中西大明虾.........................38

李心洲
红参鹿茸炖鲜鲍......................39

李兴发
鱼子酱金丝虾球......................40

李正海
富贵石榴包..........................41

李正平
干烧龙虾仔配墨鱼面..................42

李忠春
蜜吸长江鮰鱼........................43

李子宇（李波）
鬼马果香焗波龙......................44

梁寅生
锅烧鸭..............................45

廖国庆
麦香鱼羊鲜..........................46

林品乐
红花野米扣三丝......................47

刘 刚
核桃香椿白玉墩......................48

刘佳辉
惠灵顿牛排配南瓜土豆泥及蔬菜........49

刘 亮
鲍鱼捞饭............................50

刘 强
酒香拉丝大冬枣......................51

刘 庆
琥珀桃胶蟹粉酿蛋....................52

刘 鑫
秘制香饼蟹..........................53

楼 琪
低温三文鱼配法芹....................54

罗 杰
滋补强体壮骨汤......................55

罗开元
粤香一品虾球皇......................56

马 磊
养生豆泥香煎银鳕鱼..................57

钱 友
罐焖牛肉配野米......................58

任 龙
翡翠薄荷煎澳带......................59

司卫星
玉桂香草低温三文鱼..................60

沈 杰
法式鹅肝伴蟹黄豆腐..................61

盛广富
蓝莓芝士炸虾棒......................62

石 磊
茄汁杂粮扣鲜鲍......................63

石增山
招牌鱼饼............................64

史建军
本帮油爆虾..........................65

孙 浩
橙香鸡肉卷..........................66

孙远台
中式豆酱烤茄子配法式生蚝............67

孙志鹏
牡丹敲虾............................68

唐洪亮
松露酱煨有机蘑菇....................69

童金山
怀石碳烤澳带配帕尔马火腿鲟鱼子......70

万家云
鱼子酱翡翠双味虾球..................71

汪国斌
低温三文鱼青瓜卷佐蛋黄酱............72

汪国华
浮云红烧肉..........................73

汪金平
什锦鱼羊鲜..........................74

王余树
北京烤鸭............................75

王从猛
夏日之恋............................76

王大波
秘制关中黑猪叉烧....................77

王大生
黄金香芋球..........................78

王 飞
徽派红烧肉..........................79

王光明
香芒鹅肝配香槟有机番茄..............80

王海波
火焰大麻球..........................81

王经同
西班牙火腿手卷金枪鱼................82

王立升
果香南瓜盏..........................83

王强军
蟹粉鱼面情..........................84

王新良
火焰钢管鸡.........................85

王燕军
私房红酒鹅肝.........................86

王奕木
吉星高照.........................87

王宇沥
九层塔澳带炒法国鹅肝.........................88

王振东
健康醋盐海参.........................89

魏宏玉
京葱烧汁银鳕鱼.........................90

吴金龙
麦香金钱蹄.........................91

吴照民
书香脆椒牛肉.........................92

吴章保
绝味龙虾汤煮龙趸鱼.........................93

项运久
西蓝龙鱼柳.........................94

肖　晓（肖玉周）
烧汁烤鳕鱼.........................95

邢彬彬
芝士焗大明虾扒配有机时蔬.........................96

邢小亮
鲜果鱼丁.........................97

徐讯
干炒风干羊肉.........................98

徐卓一
脆菇番茄主义.........................99

许开国
小米粥拼虾糕.........................100

许涛
奶油蘑菇汤培根脆.........................101

严廷红
牛气冲天.........................102

严祖亮
千丝万缕.........................103

杨超
金汤碧绿有机豆腐.........................104

杨海
清酒鹅肝冻左明列子.........................105

杨敬伟
蜜瓜卷帕尔马火腿.........................106

杨乃流
一品烩双鲜.........................107

杨文军
石榴素鹅包.........................108

杨云宝
石斛浸老鸭.........................109

余华田
金牌啤酒龙虾.........................110

俞　飞
黑松露布袋豆腐.........................111

袁　盛
酒香烧汁猪肝.........................112

张志伟
松茸汤石烹长江鮰鱼.........................113

张　彪
什锦拌海蜇边.........................114

张大干
巧手松仁野菜卷.........................115

张　磊
碳烤羊排.........................116

张良喜
十五年太雕醉花蛤王.........................117

张年保
爽口瑶柱燕尾鱼.........................118

张绍威
葱烧素佛斋.........................119

张先啸
蟹粉干丝.........................120

张向阳
椰香陈皮琵琶腿.........................121

张永刚
诱惑金丝明虾仁.........................122

郑发争
农家三鲜.........................123

钟会满
爽口葫芦丝.........................124

周家贵
竹筒糯香仔排.........................125

周奔驰
竹炭五花腩.........................126

周　辉
咱家酒香肉.........................127

周开放
法式煎焗牛仔骨.........................128

周　凌
鲜果三文鱼冰淇淋.........................129

周义峰
鲜菌拌虎尾.........................130

祝　磊
烟熏鲷鱼配上海葱油拌面.........................131

邹　磊
石斛养生功夫汤.........................132

成伟

中国饭店协会委员，国家高级烹饪师。师从张正龙门下，善于对新原料的研发和传统菜肴的改良。擅长制作粤菜、淮扬菜。曾多次荣获烹饪大赛金奖。现任广州海瑞会所总厨，潮流厨艺联盟会长。

养生野米捞澳带豆腐

用料：鸡蛋3个，澳带1粒，野米少许，菜汁50克，上汤50克。

制法：鸡蛋加菜汁调味蒸熟备用，野米加入上汤调味装盘；撒入煎好的澳带碎装盘成型即可。

点评

此菜比较清淡，用料比较平实。用澳带和野米比较有新意，口感和质感都为软嫩的豆腐增光添彩。外形的装饰提高了菜肴的附加值。要提醒的是鸡蛋不能蒸得太老。

成　伟

养生野米捞澳带豆腐

常 宇

中国国缘餐饮行业协会淮南市分会执行秘书长。从2003年起经营百姓土菜馆、汉庭食府、淮南市印象酒店有限公司、渝码头火锅店、森都婚宴楼、怡强餐饮管理有限公司等企业，现任淮南市印象酒店有限公司董事长。

翅汤蟹粉虾球
用料：虾仁150克，蟹粉50克，翅汤50克，盐5克，味精5克，鸡粉5克，鸡汁5克，胡椒粉3克，黄酒3克，姜末5克。
制法：
1. 虾仁去肠洗净，粉碎机粉碎，加调料搅拌打上劲，制成虾胶。用虾胶把炒好蟹粉包起来成狮子头状，上笼蒸6分钟至熟；
2. 把虾球盛在容器中，浇上翅汤，上面放上蟹黄。

点评
虾泥包蟹粉，鲜上加鲜。再以翅汤衬托，则更上档次，颜色也起到对比作用，令白者更白。但是一般不主张翅汤太浓。

翅汤蟹粉虾球

陈耀

中国烹饪大师，青年烹饪艺术家，餐饮业国家级评委，高级烹调技师，高级职业经理人，安徽省技术能手。安徽徽菜产业发展促进会执行秘书长，安徽省餐饮研究会副秘书长。安徽十二厨餐饮投资管理有限公司董事长，安徽咸货铺子食品有限公司大掌柜。

秘制酱烤牛肋骨

用料：牛肋骨800克，薄荷叶1朵，生抽100克，鱼露15克，蜂蜜80克，美极鲜30克，味粉5克，黑椒汁10克。

制法：

1. 牛肋骨用调料腌12小时后蒸熟；
2. 牛肋骨改刀成薄块，用黄油两面煎一下装盆；
3. 再用蒸牛肋骨时的汤汁烧开调味，淋在牛肋骨上即可。

点评

这道菜曾经风靡上海滩。原因是形体大，气派，入味，肉质柔软有咬劲，牛肉自身的香味浓郁。尤其是选用进口牛肉，质感非常好。加上黄油、黑胡椒，带上了西餐风味。

秘制酱烤牛肋骨

藏花浸鳕鱼

蔡鹏飞

蔡鹏飞
国家高级烹饪师，从事厨师工作16年，在上海、河北、江苏、浙江等多家酒店、宾馆、政府机关招待所任主厨、厨师长。2010年饭店协会名厨大奖赛荣获金奖。2013年至今在启东市启东宾馆任海派菜主管。

藏花浸鳕鱼
用料：银鳕鱼250克，藏红花25克，芦笋50克，盐5克，味精、酒适量。
制法：将银鳕鱼腌制入味，放入四成油温的油锅里浸至半熟捞出，加入藏红花汁水，蒸熟即可装盘、点缀。

点评
藏红花带来了漂亮、天然的颜色，油浸让鳕鱼格外柔嫩且本味浓郁。油浸法只让原料的水分外泄而不会有外来的水分"入侵"，是保持原汁原味的好办法。当然，掌握好油温不让水分过多流失是关键。

陈荣涛

国家高级烹饪师,潮流厨艺联盟秘书长。1999年毕业于厨师专业学校,擅长新派菜肴研发,对创意、意境菜有独到见解。曾多次在全国大赛上荣获金奖、创意奖、特金奖。现任兴华宾馆厨师长助理。

文火煎焗黄牛尾配有机小蘑菇
用料:牛尾1块,白玉菇20克,彩椒条3根。
制法:
1. 牛尾加蔬菜汁浸泡去味,用小火煲;
2. 牛尾切3厘米厚加蔬菜汁泡两小时。牛尾在锅中用黄油煎香后加汤、老抽、白糖、黄酒小火煲熟酥烂,白玉菇、彩椒条加基本味焯水装盘即可。

点评
牛尾皮包骨头,多胶质,中间无肥肉,焖烂之后,胶质析出,能让汤汁黏稠光亮,替代勾芡,是所谓自来芡烧。口感酥糯肥美。所以,此菜焖烂是关键。

文火煎焗黄牛尾配有机小蘑菇

陈 杨

冰镇荷塘游水虾

陈杨

国家高级烹饪师，中国饭店协会名厨委员会委员；江苏省药膳协会会员，常熟总厨联盟会员。中国潮流厨艺运营总监。擅长创意融合菜肴的制作与创新。师从张正龙门下，精于制作粤菜、淮扬菜，曾多次在烹饪大赛上荣获金奖。现任常熟阅山轩假日休闲酒店总厨。

冰镇荷塘游水虾

用料：250克富贵虾1只，有机番茄1只，荷叶1张，鲜菱角2个，有机胡萝卜1根，荷花1朵，莲蓬1个，碎冰适量。

制法：

1. 将富贵虾煮熟待完全冷却后取肉加基本味腌制5分钟；

2. 在锅内加少许黄油煎制定型；

3. 最后取碎冰等原料装盘即可。

点评

这道菜构筑了一幅夏日荷趣图，荷花、荷叶、莲蓬一应俱全，艺术美感由然而生。好吃的东西就藏在画面里，让人寻寻觅觅，趣味盎然。碎冰的使用非常巧妙，在增加菜肴口感的同时，更营造了整个画面的色彩。

雪蛤汁10克。

制法：

1. 先将木瓜切成块放入雪蛤、冰糖、椰奶蒸1小时，用榨汁机榨成雪蛤汁；

2. 挑选新鲜笔直翠绿的青瓜去皮切7厘米段，批成连刀大片；菠萝切为长7厘米、宽3厘米、厚0.3厘米的片备用；

3. 开水3500克，白糖1500克，辣椒段3克，盐10克，白醋400克。加姜丝50克，菠萝200克，烧开放凉放入白醋，加入菠萝片、青瓜片和姜丝腌制8小时；

4. 将腌好的黄瓜片、菠萝片等码成6厘米高的方塔，面上进行点缀；

5. 在另一端放上香槟杯，并用土豆泥粘上，在杯子里面挤上土豆泥，插入黄瓜片装饰；再把雪蛤汁淋在哈密瓜球上即可。

点评

这是一款酸甜爽口的冷菜，在以荤为主的群体里非常出挑。它的妙处有两点：水果、青瓜有机组合，口感、色彩、造型非常特别，让人过目不忘；雪蛤汁的加入增加了营养价值和成本，提升档次。

香卤猪手

用料：黑毛猪猪爪2只，甘蔗1斤，罗汉果2只，甘草10克，香叶5克，四川麻料料1瓶，生抽1瓶，蚝油200克，冰糖150克，老抽30克，蒸鱼豉油100克，鸡粉50克，椒盐3克。

制法：

1. 把猪爪一批二，焯水洗净；
2. 所有香料加入开水煮开洗净，加入上述调料制成卤水；
3. 把洗净的猪爪放入调制好的卤水里卤3小时；
4. 把卤好的猪手切成段用炒料翻炒，撒上椒盐即可。

点评

卤是中国冷菜的一种烹制手法，南北皆有名菜。将原料完成卤煮之后，再用加调料增味，就是一种创新。这样对一道菜来说，里外着味，相互补充，达到味道的全覆盖。尤其是外加的调料，突出的是香鲜，略重于内部的味道，由浓而淡，味道立体。

陈　元

陈元

国家高级技师，中国烹饪大师。擅长制作本帮菜、海派菜。曾多次荣获烹饪大赛金奖。现任解放军总后勤保障部香槐园酒店行政总厨。

香卤猪手

宫爆汁鳕鱼配乌米饭

程育胜

中国烹饪大师，国家高级技师，中国烹饪协会会员，上海总厨俱乐部创会会员。上海第一届、第二届国际餐饮博览会获得金奖、特金奖；第八届国际中式烹饪大赛获金奖；多次在《中国食品》、《中国大厨》、《东方美食》、《美食之窗》等刊物发表创新菜肴及心得。历任银鸿大酒店、金豹大酒店、上海爱晚亭酒店、南园宾馆总厨，现任聚喜堂酒店行政总厨。

宫爆汁鳕鱼配乌米饭

用料：鳕鱼75克，豆瓣20克，泰国鸡酱15克，盐3克，南烛汁、香米少许，色拉油少许，竹筒1个，生粉少许，白糖、白醋少许。

制法：

1. 南烛汁、香米放入竹筒内蒸好；

2. 鳕鱼盐味腌制20分钟，上火煎至金黄；

3. 下入豆瓣酱、泰国鸡酱、白醋、白糖调汁，然后放入煎好的鳕鱼，翻滚均匀。

程育胜

橙香雪山肋排

陈胜贤

陈胜贤

国家高级烹饪师，新和兄弟俱乐部创始人。擅长制作粤菜、本帮菜、川湘菜，曾多次参加全国烹饪大赛荣获金奖，现任上海金沙渔港餐饮管理有限公司总厨。

橙香雪山肋排

用料：猪肋排300克，脐橙80克，冰糖80克，盐1克，生抽6克，辣汁番茄膏15克。

制法：

1. 肋排切成15厘米的段后洗净，用高油温炸至金黄色；

2. 橙子皮和炸好的肋排一起加入调料烧至入味；

3. 装盆时旁边配上橙子肉，撒上糖粉即可。

点评

这是糖醋小排骨的改良版。上海的冷菜中，糖醋小排骨是排名最靠前的传统品种，多年来，烹制方法改良不大。这里的改良是加入了橙子和辣汁番茄膏，橙子的香甜味让糖醋味道更加和谐，带点辣味，口感卓而不群，让人耳目一新。

陈磊

国缘兄弟成员，中国烹饪大师，国家高级技师，中国徽菜大师。曾获马鞍山市"五一"劳动奖状，现任安徽省马鞍山市隆源大酒店行政总厨。

野生芥菜养生丸

用料：荠菜50克，肉粒10克，山药5克，火腿2克，香菇2克，盐2克，鸡粉2克，翅汤20克，生粉50克。

制法：

1. 荠菜、山药、火腿、香菇切成碎粒，加粉做成丸子，放水中煮熟；
2. 锅内放翅汤调味，放下主辅料煮熟勾薄芡即可。

点评

由荠菜等料做成的丸子古朴传统，不同质感的原料层次分明，口感清香。文似看山不喜平，美食也喜层次多。丸子清淡，翅汤相佐，共臻完美。

陈　磊

野生芥菜养生丸

陈明生

国家烹饪高级技师，国家职业技能竞赛裁判员，中国烹饪大师，中国淮扬菜烹饪大师，饭店业国家级评委，国家二级营养师。

曾参加央视满汉全席竞赛，获得三连冠。荣获省烹饪协会授予的"江苏省优秀烹调师"、"江苏省餐饮业最受瞩目厨艺新锐"、江苏省"五一创新能手"、"十大青年名厨"、"江苏省杰出青年岗位能手"、"江苏省餐饮行业协会名厨委副主席"等称号；在连云港烹饪技能大赛上荣获状元，获连云港市青年岗位能手称号，享受劳模待遇。任2014年度江苏省青年名厨技能大赛评委、连云港市餐饮商会副会长、连云港市餐饮烹饪行业协会副会长。现任连云港市工投集团淮盐大酒店有限公司餐饮总监。

养生杂粮盅

用料：小米10克，玉米10克，麦仁10克，草鸡蛋2只，菜心4棵，火腿末5克，洋葱1只，盐4克。

制法：

1. 各种杂粮洗净熬粥；
2. 草鸡蛋打碎拌入熬好的粥里；
3. 围上菜心和洋葱片撒上火腿末即可。

点评

生活条件好了，昔日的杂粮反而受到了人们追捧。原生态、多粗纤维、甚至于粗粝的口感，都与日益精细化的饮食格格不入，但是，那里有健康，有昔日的美好回忆。

养生杂粮盅

陈明生

脆脆香

陈（洛）飞
中国酒店职业经理人，CRM高级客户管理专家。中国国际酒店行业协会秘书长，云端营销首席策划师，香港新港龙酒店管理集团CEO。

脆脆香
用料：上海青菜500克，陈皮5克，野山椒30克，盐5克，味精5克。
制法：
1. 上海青菜取梗洗净风干；
2. 野山椒、陈皮、盐、味精拌和风干的上海青梗腌制，3小时后即可。

点评
菜瓣爽脆、鲜辣爽口，特别适合醒酒或是作为冷菜。尤其是它的装盘形式，立体而生动。

陈（洛）飞

陈俊凯

从厨20年，已有15年的厨房管理与菜品创新的经验。曾在扬州大学行政总厨高级研修班进修学习，先后获得江苏烹饪大师、烹饪名厨等荣誉。江南御厨协会秘书长，国缘兄弟、国联兄弟理事，现任金润发大酒店行政总厨。

松露汁煎鳕鱼

用料：银鳕鱼120克，苹果1只，黑松露50克，黑椒、味精、蚝油、鸡汁、黄油、面包糠适量。

制法：

1. 将银鳕鱼切方块加料腌制，苹果去皮切厚片，挖掉芯备用；

2. 苹果上粉拖蛋液滚上面包糠，油炸后垫底；

3. 锅上火，加入黄油，放入银鳕鱼煎制成熟，淋上黑松露汁和黑椒，蚝油鸡汁调成卤汁装盘。

点评

装盘体现艺术构思：圆对整，脆对软嫩，蛋白质对维生素，尤其是装在不规则的石块上，很好地衬托了主体。味汁顺着鳕鱼的纹路慢慢淌下，激发了食欲。

陈俊凯

松露汁煎鳕鱼

仇俊

中国冷菜协会执行主席，高级培训讲师。曾出版《108将》、《鸿图印象》、《十八少帅之一新中菜》等菜肴著作。担任过数十家星级酒店、高端会所、精品酒店出品顾问，私家厨娘特色连锁餐饮品牌运营总监。曾获青年烹饪艺术家称号，现任卓越鸿图餐饮管理有限公司董事长。

玫瑰飘香松板肉

用料：松板肉200克，玫瑰花20克，花生酱20克，蜂蜜18克，麦芽糖15克，美极鲜8克，上海辣酱油20克，鲜果球60克，绣球花3朵。

制法：

1. 将袋装松板肉打开冲水，冲去原有味道后取出用毛巾挤干水分；

2. 放玫瑰花、花生酱、蜂蜜、麦芽糖、美极鲜、上海辣酱油调好的酱汁中浸泡10小时；

3. 需要食用时，捞出松板肉放入五成油温中炸熟，改刀成片制作成卷，摆盘即可，搭配上火龙果小球和青柠，绣球花点缀。

点评

这是对松板肉的改造。松板肉质地细腻，口感鲜嫩。原本的咸鲜味经多种呈香调料的浸渍，非常入味，又经油炸，将滋味浓缩，质感依旧，甜蜜香鲜被放大，成就了非常特别的美味。

仇 俊

玫瑰飘香松板肉

戴长杰

国家高级技师，雕刻大师。曾在多家五星级酒店担任行政总厨。曾到法国、德国等多个国家交流厨艺，以其精湛的蔬果雕刻技术赢得国内外同行的赞誉。

香煎龙鳕鱼

用料：龙鳕鱼100克，酥皮1块，西芹10克，胡萝卜5克，香菜10克，洋葱10克，姜10克，葱5克，烧汁20克，花生酱20克，芝麻酱20克，盐5克，味精5克，鸡粉5克，胡椒粉5克，黄酒少许。

制法：

1. 香葱、姜、香菜、胡萝卜、洋葱、西芹一起剁碎加烧汁、花生酱、芝麻酱、盐、胡椒粉、鸡粉、黄酒、味精搅拌均匀，放入龙鳕鱼腌制一小时入味；

2. 将鱼块放入烤箱（下100℃上150℃）6分钟至熟，装入盘中，酥皮垫底。

点评

鳕鱼腌制的调料很讲究，紧紧围绕去腥和增香。花生酱和芝麻酱有一定稠度，还可以帮助味道的黏附。烤的时候火候很关键。

戴长杰

香煎龙鳕鱼

范苑

中国烹饪大师，高级技师，从业厨龄20年，上海烹饪协会理事，江苏当代名师，曾获淮扬菜研发青年代表人物称号，2009年港澳台烹饪大赛大陆首选金牌得主，曾做多家大型酒店行政总厨及顾问，现任梅龙镇江苏食品有限公司总经理。

范　　苑

阿拉斯加海参捞饭

用料：水发阿拉斯加海参一只，西蓝花、胡萝卜、大葱、生姜适量，鲍汁60克，熟米饭150克。

制法：

1. 锅中加入适量橄榄油炒香葱姜，加入适量的水和鲍鱼汁蚝油，烧1分钟，把葱姜捞出；
2. 把阿拉斯加海参放入汤中，大火烧开，小火煨10分钟；
3. 西蓝花洗净掰成小朵，开水中焯烫一下；
4. 最后用小碗盛米饭扣到盘中，摆上西蓝花、胡萝卜，海参，浇上汤汁即可。

点评

海参无味，所以烹调时常用超浓郁的调味料加以"感染"。因此，这道菜的技术含量依赖于海参的胀法和熬汤技术。海参吃完卤汁一般都会多余，造成浪费非常可惜。米饭在这个时候就显得特别的般配，它可以将卤汁照单全收。加上蔬菜，成为既奢华又节俭，营养丰富、色香味俱全的高级盒饭。

阿拉斯加海参捞饭

虫草汁烩关东参

方为亮

国家高级烹调技师，中国烹饪大师，黄海美食烹饪协会理事，亚洲国际餐饮协会副会长，中国饭店协会名厨委员会执行委员。杭州游食有味文化传播有限公司总经理，东方美食杂志社浙江记者站负责人。

虫草汁烩关东参

用料：40头关东参，鲜虫草100克，南瓜100克，广东菜心100克。

制法：

1. 关东参先涨发好后用姜汁水泡一小时；
2. 鲜虫草冷水泡软后用清鸡汤煮熟，再送粉碎机打碎；
3. 把处理好的虫草汁加上南瓜泥一起调制成金汤；
4. 泡过的参用开水煮熟后放入金汤里，再放下菜心即可。

点评

海参名贵，当认真烹调之；海参无味，必以好汤伺之。将熬制好的浓汤加上南瓜泥着色成金汤，又用更加名贵的虫草粉碎后加入汤汁中，有锦上添花的想法。此菜营养和补益功效自不必说，海参得浓汤的扶助，味道非常鲜美。

符兵

国家高级烹饪师，中国饭店协会委员。师从多名烹饪大师，勤于对传统烹饪技艺的学习、对新原料的开发、对传统菜肴的改良。擅长制作粤菜、川湘菜，曾多次参加烹饪大赛荣获金奖。现任上海康德国际大酒店厨师长。

符 兵

五谷锦绣养生粥

用料：大米200克，糯米50克，玉米50克，小米50克，黑米50克，胡萝卜50克，南瓜50克，菠菜50克，黑木耳50克，清鸡汤1000克，盐5克。

制法：

1. 主料洗净各放在5个砂锅里加清鸡汤用小火煮成粥；

2. 将胡萝卜、南瓜去皮切成小块入蒸箱蒸熟再打成泥备用；

3. 菠菜洗净沸水，用粉碎机打成菠菜汁。黑木耳洗净剁成泥备用；

4. 将胡萝卜泥、南瓜泥、菠菜汁、木耳泥分别放入4个砂锅里兑上色；

5. 将五色调好的粥加上盐装进玻璃管里，叉入备好的碎冰盛器里即可。

点评

既可餐前养胃，也可餐后养生。五谷杂粮、五种颜色，调出五味人生。尤其盛装器皿的出其不意，让人刮目相看。

五谷锦绣养生粥

付强

付强

中国烹饪大师，中国饭店协会委员，国家高级技师。担任多家星级酒店以及高端会所行政总厨和顾问。曾荣获2005年全国烹饪大赛金奖，2008年超级明星大厨。2011年荣获"味道中国"金奖。2015年参加美国加州核桃料理大赛荣获冠军。参编《京沪都市融合菜》一书。现任露桐高端餐饮管理公司餐饮总监。

甜蜜三宝
用料：蜜枣50克，黄桃50克，情人果50克，红桂花5克，椰丝2克，蜂蜜30克，糖10克。
制法：
1. 蜜枣用蜂蜜、糖、花雕酒一起上笼蒸2小时；
2. 黄桃去皮去核用蜂蜜和糖一起蒸30分钟；
3. 蜜枣、黄桃、情人果各自装盆撒上红桂花和耶丝即可。

点评
甜品。三种原料颜色、口味不同，盛器、形态相同，让人感到丰富多样，品位不俗。

甜蜜三宝

高云勇

国家烹饪高级技师，中国烹饪大师。中国烹饪协会会员。2012年在斯里兰卡西尔顿酒店担任行政总厨；2015年任上海青苹果创意火锅总厨；现任常熟柠檬小镇厨师长。

点评

黑松露号称世界三大美食之一，野生的黑松露要被野猪拱出来才能找到，所以十分名贵。黑松露的特点是香和鲜，这是一般的菌菇所不能企及的。黑松露被制成酱后，风味又得到了提升，当它与本身也以鲜美出名的膏蟹合在一起后，鲜味叠加，成就了相乘效果。所以这道菜的鲜美可以期待。

松露酱焗南宁膏蟹

松露酱焗南宁膏蟹
用料：南宁膏蟹700克，白玉菇20克，法芹5克，黑松露酱5克，盐2克，糖4克，鸡粉3克。
制法：
1. 把蟹去腮洗净切成块备用；
2. 切好的蟹用干生粉拍一下放高温油锅内炸熟，回锅加黑松露酱和白玉菇一起焖烧成熟装盆。

高云勇

葛红彪

葛红彪

国家高级中式烹饪师。曾在上海三晋春秋六家门店任技术总监，上海黄山楼三家店行政总厨，上海金牌养生私房菜行政总厨，上海星尚中式小菜行政总厨，现任上海跃达大酒店行政总厨。2015年荣获中国饭店协会中式烹饪大赛金奖。

酥皮烤大虾

用料：大明虾，自制酥皮。

制法：

1. 将明虾背面开刀至足部，抽取筋肠剥去外壳留头尾。大蒜子、葱、姜剁成茸状制成汁水放入盐、味精，将明虾放入汁水内腌制半小时；

2. 捞出明虾，用干布吸干水分，用蛋清上浆，再包上酥皮放入烤箱内直至成熟即可。

点评

这是对明虾的"精装修"。体现的是综合性的技术难度。酥皮层次分明，香脆，一碰即碎，是技术难点所在。虾肉鲜嫩有弹性，造型美观生动。

酥皮烤大虾

顾培锋

顾培锋

国家高级烹饪技师。中国烹饪协会会员。毕业于上海东方旅游专科学校，从业22年，擅长粤菜、本帮菜。曾任雅致酒店厨师长、乡村酒店厨师长、海湾渔村行政总厨。2013获得全国烹饪大赛特金奖，2015年获新食材烹饪大赛团体特金奖。现任上海陆家庄本地菜馆行政总厨。

腊味糍饭糕

用料：糯米200克，金华火腿粒、腊肠粒各少许，蒸熟咸肉油汁50克。

制法：

1. 生糯米用冷水泡一夜，涨开后沥干入蒸箱蒸至熟软；

2. 把蒸熟的腊味粒及蒸时留下的油汁适量拌入热的糯米中，并尽量搅拌均匀，倒入浅格方盘压紧入冷藏；

3. 油温加热至七成热，将切成长方块的糯米糕炸至金黄，表皮起脆即可改刀装盘。

点评

糍饭糕作为上海的传统小吃，历史悠久，其特点外脆里糯、腊香四溢。经过改良后配上火腿粒香肠，让菜肴变得更为精致，充满老上海的独特情怀。

腊味糍饭糕

玛咖百粒鳕花米

用料：银鳕鱼50克，青豆、胡萝卜、玉米共50克，玛咖少许。

制法：银鳕鱼切粒上浆备用，切好的辅料一起滑油、飞水、翻炒出锅即可。

点评

玛咖是一种原产于南美的药材，据说有壮阳作用而被追捧，不少人趋之若鹜。现在，玛咖被放到了菜里，倘若相信它的功效，这种食补方法最有效。要提示的是，银鳕鱼肉嫩，翻炒时间不宜过长。

郭金涛

国家高级烹饪技师。中国烹饪协会会员。曾任上海阿婆菜馆厨师长，半岛酒店厨师长，上海味道出品总监，现任君悦酒店总经理。

郭金涛 玛咖百粒鳕花米

韩军

中国烹饪大师,国家高级营养师国缘御印联盟常州分会长。1989年毕业于扬州大学烹饪系。曾任常州大酒店西餐厅厨房主管、常州大富豪酒店行政总厨。现任常州多家酒店行政总厨及总经理。获得中国烹饪大赛江苏常州赛区一等奖、淮海美食节金奖。

松茸藏蛋糕

用料:松茸50克,鸡蛋5只,盐3克,味精2克,蚝油20克,糖3克。

制法:

1.将鸡蛋打散调味后取一半放入圆形盛器内蒸至半熟,再放入预制好的松茸和另一半蛋液,制成蛋糕形状;

2.将蚝油、松茸汁水调味后勾薄芡浇在蛋糕上即可。

点评

松茸有特殊的香鲜味,能为平淡的鸡蛋增添美味,同时也能让少量的、价格很贵的松茸做成一大盘菜。表面的装饰很见功力。芡汁、颜色搭配得很漂亮。

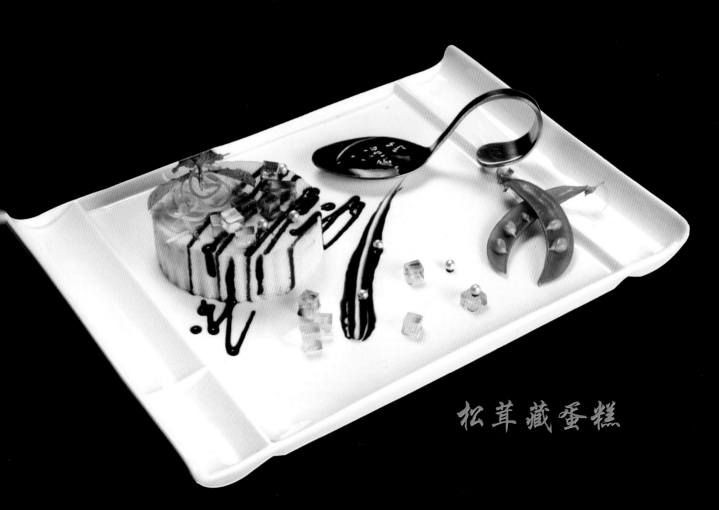

松茸藏蛋糕

何小同

何小同

中国烹饪大师，烹饪高级技师。曾任多家酒店行政总厨。现任中国国缘餐饮行业协会副会长兼河南分会秘书长。

三文鱼西蓝花塔

用料：三文鱼20克，土豆泥200克，红黄椒5克，西蓝花30克，薄荷叶1朵，橄榄油5克，盐2克，鸡粉2克。

制法：

1. 西蓝花洗净用水煮熟切碎；
2. 三文鱼切丁用一半和西蓝花土豆泥调味拌好，用模具压成柱子状；
3. 另一半三文鱼放在柱子上面加上薄荷叶、红黄椒围边点缀。

点评

利用土豆泥的可塑性，混进三文鱼和西蓝花，做成圆柱形，让人耳目一新；土豆泥里隐约可见的鱼肉和点点绿色，让人有急于品尝的欲望。

三文鱼西蓝花塔

胡绍雄

国家高级技师，中国烹饪大师，中国饭店协会名厨委员会委员。擅长制作川湘菜、粤菜、杭帮菜；曾多次参加全国烹饪大赛，荣获金奖。现任江阴市法尔胜大酒店行政总厨。

火焰牛肋骨

胡绍雄

火焰牛肋骨

用料：牛肋骨100克，秘制卤水500克，洋葱块少量，高度白酒20克。

制法：牛肋骨焯水，放入秘制卤水中卤制成熟，用锡纸包好，放入器皿中，上桌时倒入高度白酒点燃即成。

点评

这道菜的噱头在于上桌时大家看到的燃烧着的火焰和随之而来的扑鼻酒香，定能引起阵阵喝彩。其实，这种表现方法可以移植到多种原料比如鸡鸭鱼肉做成的菜肴上去。要达到好的效果，必须用香味浓郁的高度白酒，点火必须是将菜摆放停当之后，以防止事故。菜肴本身是已经完成烹调，略带汤汁的。点火之前关灯，可能会放大设计的效果。

秋风起刀板香

用料：上好五花肉，竹网1张，盐5克，汾酒5克，花椒3克。

制法：

1. 将五花肉用花椒盐加上汾酒腌26小时；

2. 腌好的肉放在阴凉的风口处吹干；

3. 上笼蒸熟改刀装盆即可。

点评

这道菜在上海也叫爆腌咸肉。在秋冬季节，切一盘上席，粉红色的瘦肉和洁白的肥肉层次清晰，香味扑鼻。肥肉绝没有肥腻感，瘦肉也不像咸肉那样硬那样咸。

华利

华利

中国烹饪名师，国家高级技师，全国优秀厨师长。毕业于扬州商学院，曾多次应邀参加东方美食、中国大厨等杂志的菜品制作并刊登。现任无锡市太湖工人疗养院（中国十大疗养院）行政总厨。

秋风起刀板香

黄健

添香烤鱼

黄健

添香调料有限公司董事长。1995年
开始从事川味调料研发、制作、生
产，曾专为四川大型酒店设计菜品。
2005年到上海创办添香调料有限公
司至今，客户遍布全国各地。

添香烤鱼

用料：

1. 青江鱼1250克，烤鱼料125克，烤鱼油30
克，烤鱼粉15克；

2. 牛蛙300克，香锅料45克，香辣油45克，
调味粉5克；

3. 虾仁200克、水煮料70克、香辣油30克、
调味粉8克。

制法：

1. 鱼腌好烤好鱼调料兑好淋在鱼上即可，上
席时底下放卡式炉；

2. 牛蛙腌制好，所有料在锅里炸好，放上调
料炒均匀出锅，上席时底下放卡式炉；

3. 兑好水煮料下虾，起锅油炸即可，上席时
底下放卡式炉。

点评

烤鱼风靡各地，成本低、味道好、形式受欢迎，成为市场一大
热点。制作这类菜肴时要特别提示：①鱼腌制入味，调料不要
炒、直接勾兑；②土豆片要冲水，炸出脆的口感；③虾煮一分
钟即可。

表演刀工，体现熬汤、吊汤功夫。菜肴看似简单，
其实蕴含了很高的技术含量。

黄小慧

黄小慧

从业30年，国家烹饪高级技
师，国家一级评委。多次荣
获烹饪大赛金奖。曾担任过
多家大型酒店总厨兼经理，
培养弟子30多人。

清汤菊花鱼唇

清汤菊花鱼唇

用料：鱼唇150克，枸杞子20克，香葱5克，清鸡汤
100克，鸡粉5克，鸡汁5克，胡椒粉3克。

制法：鱼唇改刀成菊花状，用清鸡汤加鸡粉、鸡汁、
胡椒粉调味，放入菊花鱼唇一分钟煨入味，盛入容
器中。

点评

表演刀工，体现熬汤、吊汤功夫。菜肴看似简单，
其实蕴含了很高的技术含量。

郏 鹏

澳芒烟熏三文鱼

郏鹏

国家高级烹饪技师，从厨15年，擅长粤菜和海派菜。多次参加各类比赛获得金牌。现任聚荟尚嗨料理、浙商商会会馆厨师长。

澳芒烟熏三文鱼

用料：烟熏三文鱼200克，澳芒100克，黑色鱼子酱5克。

制法：

1. 澳芒切长条，三文鱼把芒果包成卷，改刀装配即可；

2. 三文鱼颜色要鲜艳，厚薄要均匀，芒果不要太熟，也不要太生。

点评

芒果与三文鱼还是很般配的，不仅是营养上的维生素与蛋白质的配合，同色调之下的参差，更为明显的效果是口味上的互补：香甜轻微的酸味，很好地抑制了三文鱼少许的海腥；柔软的果肉与柔嫩的鱼肉，同样细嫩却分出层次。选用的餐具也见功力，长方对圆柱，清绿用黑色衬托，悦目悦味。

蒋朝军
中国烹饪大师，国家高级烹饪技师。现任中国国缘餐饮行业协会副会长、国缘兄弟御印联盟主席团理事。江苏省泰兴市乡村小灶生态园董事长。

青石黑椒顶级牛肉
用料：西冷牛柳300克，保卫尔牛肉汁4克，黑胡椒碎3克，蒸鱼豉油5克，冬菇酱油3克，牛精粉2克，生粉25克，白糖50克，清水30克。
制法：
1. 将西冷牛柳改成大块加盐、生粉腌制待用；
2. 将所有调料混合加热，制成牛肉味汁；
3. 将牛肉热油炸熟，用牛肉味汁翻裹均匀，勾芡入尾油即可装入石板，最后撒放下洋葱碎即可。

点评
牛肉上粉很薄，在热油锅里将牛肉炸熟，很好地保持了牛肉本身的鲜美滋味。制作时的要点一是选嫩的好的牛肉，二是要用七八成热的油温，强制收缩表面，减少牛肉汁水的损失。成品甚至带点血水都没关系。

蒋朝军

青石黑椒顶级牛肉

蒋春旺

浓汁烩海藻鱼唇

蒋春旺
中国烹饪大师，国家高级烹饪技师。
现任中国国缘餐饮行业协会重庆分会
会长，国缘兄弟御印联盟理事，重庆
世纪兴旺酒店管理有限公司董事长。

浓汁烩海藻鱼唇
用料：深海海藻150克，涨发好的鱼唇200克，浓汤60克，
鸡汁5克，味精3克，盐2克。
制法：
1. 把海藻焯水涨发待用；
2. 浓汤入锅放下鱼唇烧开，调味勾芡，浇在焯好水的海藻
上即可。

点评
鱼唇无味，全靠浓汤调味；但它的柔滑棉糯很有个性，而
且营养丰富，是补钙补碘的理想选择。

李建超

从事餐饮业15年。中国烹饪大师，国家高级烹饪技师。曾管理过上海美悦华名人厨房，任彩虹坊粤菜厨师长。现任泓详菜馆行政总厨、私房菜行政总厨。

浓汤香菌时蔬豆腐

用料：自制时豆腐100克，新鲜蘑菇10克，新鲜草菇10克，菜心1棵，枸杞子2粒，翅汤150克，盐2克，鸡粉5克，鸡油5克，风车生粉5克。

制法：

1. 自制时豆腐切小块状，入清油中炸至外脆里嫩，新鲜蘑菇草菇切片也入清油中炸黄香待用；

2. 将上面所有原料入翅汤中烧入味，勾芡，淋鸡油装盘；

3. 小菜心入热水中煮熟，捞出吸干水分，放盘边，泡软后的枸杞子，吸干水分置旁边点缀。

点评

此菜的亮点在于带有绿色的素菜豆腐。要在制豆腐时在一面放切成末的荠菜或菠菜，而且菜末必须事先放在碱水或苏打水里焯水，以保持颜色。后续的翅汤和菌菇是为了给无味的豆腐添加美味。

李建超

浓汤香菌时蔬豆腐

李双琦

毕业于哈尔滨商业大学，后在香港理工大学攻读"酒店及旅游管理"的硕士学历。现为世界厨师联合会青年大使、国际评委，上海旅游高等专科学校/中国烹饪协会培训中心教授，中国烹饪协会厨艺精英俱乐部副秘书长，中国烹饪名师。编写了《西餐烹饪》国家规划教材，《西式烹调师》全国教材；修订了《西式烹调师国家职业技能标准》。

橙味有机蛋

用料：巧克力、鸡蛋、巧克力、黄原胶、海藻胶、葡萄糖、砂糖、橙汁。

制法：

1. 外壳：用dulcy32%巧克力调温后融化、利用蛋型模具将融化的巧克力做成一个鸡蛋的外壳；

2. 蛋黄：A部分250克橙汁，2.5克氯化钙，20克糖加入融化B部分900克纯净水，4.5克海藻胶粉搅拌均匀；制作：将A部分用勺子舀入打匀均质后的B部分，就会形成一个蛋黄壮的球；

3. 蛋白：葡萄糖20克，砂糖100克，净水150克，黄原胶0.1克加热融化形成糖水；

4. 将步骤3的糖水加入在步骤1的蛋壳中，然后加入步骤2的蛋黄。装入盘中，放入干冰，上桌后在干冰上淋水即可。

点评

这道菜是分子美食的一个代表作，典型地反映出分子美食的特点——看到的和真实没有任何关系，包括味道。分子美食在短短的几十年时间里风靡全球，让很多厨师如痴如狂，就在于它的表现形式出乎所有人的想象。我们在学习分子美食时应该更加重视其科学的方法和烹饪精神。

李双琦
橙味有机蛋

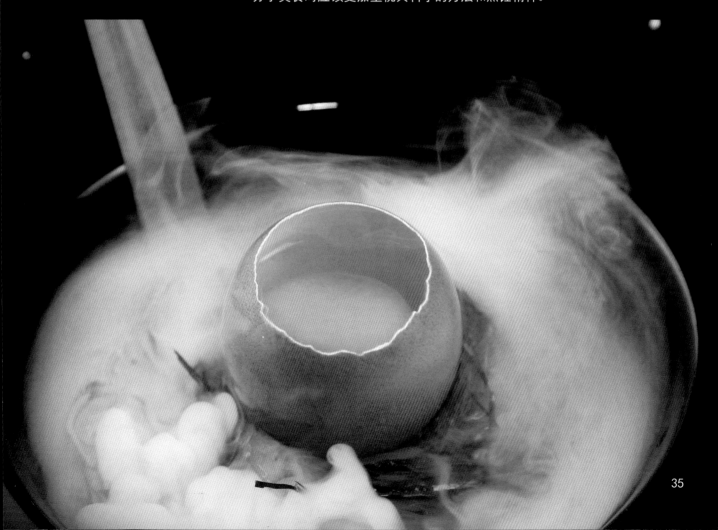

李涛

中国烹饪大师，中国烹饪营养师，国际饭店烹饪协会副会长，国际蓝带御厨，阿涛糖艺培训学校校长。从厨20余年。先后在南京、上海、广东、天津多家五星级酒店各餐饮集团担任总厨、菜肴出品管理、菜肴设计师。2008年在天津创建阿涛糖艺工作室。培训糖艺，糖盘式，果酱盘式，意境盘式，分子厨艺，意境菜。出版《糖艺制作教程》、《阿涛盘式大全》、《糖艺展台造型设计与制作》、《糖艺围边技法》等著作。

参鸡汤

主料：母鸡、白参、红枣、板栗、大葱、白糯米、清水、盐。
制法：母鸡宰杀后清洗干净，沥干水分；糯米浸泡一晚，沥干水分；红枣去核；板栗、白参清洗掉表面的尘土，葱切小段。将糯米、红枣、板栗 白参一层一层码在鸡肚里，放入锅中，加适量清水，沸腾后撇去浮沫，加入葱段，转小火煮45分钟，关火后焖1小时调入盐，再炖半小时即可。

点评

这些配料的加入，使得鸡汤具有了补益的功效：安神、补脾胃，壮阳。要特别提醒的是，鸡要洗净，填入的原料不能在烹制过程中露馅，否则汤就不干净。火功要到位，慢火细炖始见真味。

李　涛

参　鸡　汤

奶酪老汤肘花

用料：酱好的肘子片150克，奶酪、西红柿、香芒叶适量。

制法：肘子腌制比例：肘子12.5千克，料酒300克，盐50克，老抽100克，大葱段200克，姜片200克。将上述调料和肘子块涂抹均匀腌制5小时即可。

酱肘子料包的比例：豆蔻10克，碧波13克，桂皮22克，山奈15克，甘草17克，小茴香25克，南姜17克，草果16克，肉蔻25克，良姜25克，丁香23克，陈皮100克，白蔻20克，白芷12克，砂仁20克，花雕酒500克，生抽1000克，老抽250克，红曲粉200克，鱼露100克，鸡粉400克，麦芽粉15克，冰糖60克，盐500克，味精120克。

1. 锅内加高汤40千克，加入料包以及调味料。加入腌好的肘子，大火烧开后酱45分钟后灭火焖2小时捞出即可；

2. 将酱好的肘子去骨然后用保鲜膜卷成直径为10厘米、长20厘米的圆柱形，置凉后放入冰箱储存。

成品烹调过程：

1. 将成品肘子拿出来去除外面的保鲜膜，把覆在肘子上的肥油去净；

2. 把肘子顺刀从中间一切为二，然后在把每块从中间再次顺刀一分为二，一个肘子要切为顺刀四块，平均大小一样；

3. 把肘子切成厚每片厚0.5厘米，切24片备用；

4. 用直径10厘米的锡纸把奶酪片压成圆形，压制3片，每片平均切成4片，共12片成扇形；

5. 取直径10厘米的西红柿，在根部切成0.5厘米后的片，将西红柿改成十字刀，成4片扇形；

6. 将2片肘子为一层（每两片为一层）上面放上一片奶酪片，依次4层。共做成3堆。在每堆上面再覆盖一片西红柿；

7. 将三堆奶酪肘花放入盘中，在横截面刷上辣酱；

8. 取3片芒叶，插在西红柿片上即可；

9. 在奶酪肘花斜后方以绿茶粉点缀即可。

李涛洪
奶酪老汤肘花

李涛洪

中国烹任大师，高级营养师。先后在西安鑫华府、亮宝楼、戴斯酒店等十多家酒店任冷菜出品总监。现任长沙高原姑娘出品总监。

点评

此菜制作较为复杂，要传达的信息是将北方最为传统的酱肘花添加上新的西菜元素以及现代装饰，杂糅之后努力追求新奇效果。

李伟

中国川菜大师，中国西南面王，中国川凉协会会长，鼎力餐饮创业培训中心创办人。现任安徽合肥红顶餐饮管理有限公司川菜出品总监，无界面道出品总监，孝辉餐饮管理有限公司总经理兼技术总指导。

中西大明虾

用料：大明虾150克，咖啡酱10克，薄荷酱10克，腌料蔬菜100克。

制法：

1. 将大明虾头取下，虾身从背开刀；

2. 大明虾放腌料蔬菜中腌制15分钟；

3. 铁板烧热，虾头和虾身煎熟摆盘，将咖啡酱和薄荷酱分别淋在虾身两侧即可上桌。

点评

大明虾要新鲜，咖啡酱和薄荷酱最好自己调制，中西两种酱料的融合，增添大明虾的美味层次和档次。

中西大明虾

李心洲

国家烹饪艺术大师，中国饭店协会委员。曾任多家大型酒店总厨，擅长传统菜肴的改良创新，管理上有自己一套模式。多次烹饪大赛荣获金奖。现任大汇酒店总厨。

红参鹿茸炖鲜鲍

用料：鲜鲍1只，赤肉，火腿，龙骨，红参，鹿茸。

制法：赤肉、龙骨焯水后加入火腿、红参、鹿茸上汤一起蒸3~5小时，上菜时加入鲜鲍加热即可。

点评

这是一道食疗菜，经常食用具有补益身体、壮阳提神作用，尤其适合老年人。制作这类菜肴，需要注意两点，一要将原料处理干净，不留丝毫腥膻异味，采用手段是泡发和焯水并且洗干净；二是小火慢炖，让原料的成分和鲜味充分释放到汤里。此菜选用蒸法也非常合理，可以更多保持原味，蒸时要加保鲜膜封口，时间一定要充足。

李心洲

红参鹿茸炖鲜鲍

李兴发

李兴发

本科学历，国家高级技师，中国烹饪大师，中国淮扬菜烹饪大师，高级公共营养师，国家职业技能裁判员及全国饭店业评委，"五一"劳动奖章获得者。现任连云港市餐饮商会副会长，年年发餐饮公司 永和大酒店董事长。

鱼子酱金丝虾球

用料：泰国虾仁100克，土豆300克，鱼子3克，草莓2只，色拉酱40克，芥末3克。

制法：

1. 土豆切成细丝洗净，炸成金丝备用；

2. 虾仁洗净去沙剁成虾茸，把虾茸做成球形拍粉炸熟；

3. 把炸好的虾球粘裹上色拉酱和芥末调成的酱，表面粘上土豆丝，用鱼子酱点缀即可。

点评

香脆的土豆丝以其金黄的颜色、精细的刀功技术为此菜增光添彩；与主料虾仁口味上的互补也让低价的土豆傍上了"大款"。结论：原料实际上无所谓贵贱，将自身特色发扬光大了，就是好原料。

鱼子酱金丝虾球

富贵石榴包

李正海

李正海

国家高级烹调师，擅长冷菜和烧烤。曾任十多家酒店、高星级宾馆冷菜主管和副厨师长。现任浦东香格里拉冷菜主厨。

富贵石榴包

用料：荠菜200克，马蹄30克，松仁20克，薄百叶2刀，盐2克，鸡粉2克，麻酱料50克。

制法：

1. 荠菜洗净烫熟和马蹄一起剁碎，加入基本味，和炸好的松仁拌在一起备用；

2. 薄百叶烫熟用矿泉水泡一下，包起荠菜馅，做成石榴形状；装盆后跟上麻酱料即可。

点评

外型美观，制作精细。全素原料更受欢迎。素料当以清淡为主，所以调味要轻，让荠菜的清香和马蹄的爽脆突显出来。

干烧龙虾仔配墨鱼面

李正平

中国当代名厨，国家高级烹饪技师。擅长新概念川菜的制作和改良。曾在多家大型酒店任职，现任上海市谭惠餐饮管理有限公司谭氏私房菜行政总厨。

李正平

干烧龙虾仔配墨鱼面

用料：300克小青龙1只，自制墨鱼面30克，肉末、香菇、笋末、姜蒜末、辣椒酱适量。

制法：

1. 将龙虾杀洗干净后刀口处拍适量生粉入锅煎炸定型；
2. 锅内加底油炒香肉末、姜蒜末、辣椒酱、香菇笋末，加黄酒、水和虾肉焖烧十分钟收汁，和预备好的墨鱼面一起装盘。

点评

墨鱼面是用墨鱼的墨汁拌入面粉做成面条，颜色是黑的，很别致，营养价值也很高。龙虾仔取用干烧方法也是一种创意，让龙虾有多种吃法。而它的辣味程度当根据客人的接受能力而调节。

李忠春

中国烹饪大师，国家烹饪一级评委。现任浙厨兄弟餐饮行业协会会长，中广兴餐饮管理有限公司董事长。

蜜吸长江鮰鱼

用料：长江鮰鱼650克，墨鱼花3克，吸管1根，葱，姜，蒜子少许；猪油50克，料酒150克，老抽12克，生抽3克，冰糖20克，红糖5克，胡椒粉2克，味粉2克。

制法：

1. 将鮰鱼洗净取中段，切成30厘米正方形块备用；

2. 将锅烧热放入猪油，把葱姜蒜煸香加入料酒清水煮开；

3. 捞出煮过的葱姜蒜后放入备好的鮰鱼加入调料用大火烧开改为小火闷烧60分钟。见鱼肉熟汁呈胶状后，加味精并慢慢晃动，使卤汁裹包鱼块；

4. 装盆后在鱼上放点墨鱼花配上吸管即可。

李忠春

蜜吸长江鮰鱼

点评

色泽光亮，鱼肉酥嫩到可用吸管吸食。墨鱼花的加入不仅增加鲜味，由于墨鱼花极薄，会随热气飘忽舞动，给传统菜肴增加了新潮元素。

鬼马果香焗波龙

用料：波士顿龙虾500克，哈密瓜50克，油条半根，薄荷叶1朵，带枝番茄8只，淡奶油100克，青瓜20克，白兰地5克，盐2克，鸡粉2克。

制法：

1. 先把波士顿龙虾蒸熟，把肉取出，壳备用；哈密瓜和青瓜切成小丁；

2. 带枝番茄和龙虾壳一起用黄油炒香，加入白兰地淡奶油和基本味调制成番香汁；

3. 切好的哈密瓜用光极磨具做成圆底座，放在草帽盆里，用黄油把龙虾肉和爪子煎熟放在水果上，调制好的番香汁淋在水果旁边，再把油条炸好酿入淡奶油放在龙虾上，薄荷叶点缀即可。

李子宇（李波）
鬼马果香焗波龙

李子宇（李波）

擅长食品雕刻、装饰及菜品造型创意。曾主理冷菜、刺身、日料；参加各类大赛多次获大奖。2015年负责上海站接待捷克总统任务，大获成功。现任水波祥龙餐饮有限公司厨师长。

点评

层层叠叠，装盘形式新颖，顶端大虾钳吸引眼球。多种原料加上不同调味料集合一起，分层次地体现各自味道，极大地丰富了味感。称得上色味形俱佳。

1990年烹饪学校毕业先后任职于西安饮食、西安旅游集团
2003年获得陕西省首批烹饪大师
2014年获得中国美食走进印度、巴基斯坦、阿联酋大型国际餐饮交流
中国烹饪协会特殊嘉奖
2015年中国烹饪协会中华金厨奖获得者
2015年国际烹饪大赛法国巴黎最高个人成就奖五钻金奖
2016年中国烹饪协会授予大匠传承中餐标准化俱乐部副主席

锅烧鸭

梁寅生

锅烧鸭

用料：放养鸭1只（2000克左右），头汤1000毫升，黄酒、酱油、精盐、姜、葱，薄烙饼、葱段、甜面酱、花椒盐和辣酱适量。

制法：

1. 将鸭宰杀，煺毛，去内脏，抽出鸭舌，去掉鸭掌，剁去膀尖，嘴尖，抽出膀圆骨，腿圆骨，颈骨砸断，弯入鸭腹内；

2. 将治好的填鸭放开水锅中烫透，取出放盆中；

3. 加头汤1000毫升、加入黄酒、酱油、精盐、姜、葱，上笼蒸烂取出，剔净鸭骨振干水分；

4. 将鸡蛋、湿淀粉、花生油放碗中搅制成酥糊，取一个盘子，盘内抹一层花生油，倒上一半酥糊，铺上鸭肉，剩余的糊均匀地摊在鸭肉上面；

5. 炒锅放旺火上，添上花生油，五成热时将挂满酥糊的鸭子顺入油锅炸炸透呈柿黄色捞出滗油，炸好的鸭子改刀装盘即成；

6. 上桌时外带薄烙饼和蔬菜烙饼葱段、甜面酱、花椒盐和辣酱。

点评

锅烧鸭是提取了鸭子的精华部分，又加以改造，成品香酥脆松，无骨无渣，入口而化。相比较最出名的烤鸭，别有洞天。同样包饼卷酱，却多了松脆少了肥腻。

廖国庆

国家高级烹调技师。入厨行即投身冷菜制作，因为刻苦专研，渐渐名声鹊起，参加大赛夺取金牌 。曾任金华明珠大酒店宁波冷菜出品总监，绅风堂会所厨师长，现任职多家酒店冷菜出品总监。

麦香鱼羊鲜

用料：银鳕鱼50克，羊腿肉50克，麦片20克，杏仁片20克，鸡蛋1只，盐2克，鸡粉3克，糯米粉30克，美极鲜10克。

制法：

1. 银鳕鱼、羊肉切条分别腌入基本味备用；

2. 糯米粉加鸡蛋、基本味和鱼羊肉一起拌匀，入180℃的油锅炸至金黄色取出；

3. 把炸好的鱼羊肉烹黄酒、美极鲜翻炒一下，撒上燕麦和杏仁片即可。

点评

鱼羊合鲜，两者在口中相遇，越嚼越鲜。烹调方法采取的是软炸法，因此成品口感松软，原料保持鲜嫩，杏仁麦片倒是脆的，起到了很好的衬托作用。唯一要特别强调的是羊肉必须选择鲜嫩的。

麦香鱼羊鲜

林品乐

国家高级烹饪技师。擅于新原料的创新及传统菜系的改良，精于制作粤菜、海派菜。曾担任过丽豪国际酒店、青浦佳苑会所厨师长，现任丽德国际大酒店厨师长。

红花野米扣三丝

用料：火腿丝30克，鸡丝100克，笋丝30克，香菇1朵，南瓜100克，美国冰湖野米50克，藏红花1克，海盐4克，鸡汤600克，鸡粉3克，胡椒粉1克，生粉50克。

制法：

1. 将火腿丝、笋丝、鸡丝、香菇丝整齐地扣入碗中塞紧，加鸡汤用旺火蒸40分钟，制成传统扣三丝；

2. 取野米50克加入150克水，入蒸箱蒸45分钟；

3. 南瓜蒸熟打成泥熬成金汤，放入盐、鸡粉、胡椒粉烧开勾芡，放入蒸熟的野米，浇在扣三丝上，撒上1克藏红花即可。

点评

传统扣三丝配以时髦食材（美国冰湖野米）、新做法（金汤），就有了新意。将传统的底蕴埋得深一些，时髦的外衣增加了文化的深度。

林品乐

红花野米扣三丝

刘刚

从厨20多年，现为中国烹饪大师，国家高级烹饪技师，2009年被评为上海当代优秀名厨。多年来在传统海派菜的基础上，勇于创新，推出多道中西合璧的东南亚菜，大受好评。现任蒋记海鲜通阳店厨师长。

核桃香椿白玉墩

用料：白水洋豆腐300克，核桃10克，香椿15克，黄豆20克，盐5克，鸡粉5克。

制法：

1. 黄豆炒熟后打成粉备用；

2. 豆腐用纱布过滤掉水分加入核桃和香椿拌匀，加入基本味和黄豆粉即可。

点评

这是加强版豆制品集合体，营养丰富。大豆蛋白质含量高，但需粉碎、水化才能提高它的消化吸收率。这道菜的制作特点体现了努力方向，同时又用核桃和香椿来提味，好看好吃。

刘 刚

核桃香椿白玉墩

刘佳辉

国家高级技师，高级营养师。师从张正龙门下，2007年曾获得亚洲蓝带餐饮协会新派融合菜一等奖。2008年4月曾获得亚洲国际厨皇擂台赛银牌。2011年5月获得全国首届创意中国菜烹饪金奖。现任合肥贝斯特韦斯特精品酒店总厨。

惠灵顿牛排配南瓜土豆泥及蔬菜

用料：谷饲180天菲力牛排，黑松露2颗，有机南瓜，土豆，酥皮，黄油，奶油，牛奶，盐，黑胡椒，山药，紫甘蓝。

制法：

1. 将菲力牛排修整出需要的形状，用盐、黑胡椒、百里香、橄榄油腌制，放入真空包装袋中抽真空。然后放入低温机中设定62.7℃煮制4小时；
2. 用酥皮包裹均匀，放入烤箱中高温烤制酥皮成熟酥脆即可；
3. 南瓜和土豆以1:1放入整箱中蒸制成熟，然后取出加入热奶油、牛奶、黄油、盐、黑胡椒；
4. 将多余的酥皮撒上盐、黑芝麻卷成螺旋形，放入烤箱烤制成熟；
5. 山药切粒、紫甘蓝切丝用橄榄油，盐搅拌均匀。

点评

分子美食的表现形式是一大特色，最值得学习的是它的低温慢煮。低温慢煮的方法是将原料放在袋子里抽真空，然后放在50～70℃的水锅里长时间煮。因为没有达到标志着食物成熟的72℃，原料是生的，它的理化指标却已达到成熟的要求。这样的效果是，原料非常嫩，原汁原味俱在，操作方便。

惠灵顿牛排配南瓜土豆泥及蔬菜

刘亮

中国烹饪大师，中华名厨，中国饭店协会委员，高级技师。曾荣获2007年全国烹饪大赛最佳创意奖，2010年超级明星大厨等荣誉。参编《京沪都市融合菜》一书。曾担任品悦轩酒店厨师长、郡皇府大酒店店行政总厨、新潮厨政管理公司技术总监。现任上海钱龙大酒店行政总厨，上海宏爵酒店管理公司资深出品顾问。

刘亮
鲍鱼捞饭

鲍鱼捞饭

用料：鲍鱼100克，浓汤150克，西蓝花10克，枸杞子5克，香菜0.5克，盐5克，水10克，鸡汁3克，鲍鱼汁3克，进口生粉5克，麻油5克。

制法：

1. 将鲍鱼改十字刀，西蓝花改刀备用；

2. 鲍鱼出水后放浓汤，调味烧制后装盘即可。

点评

鲍鱼含有丰富的蛋白质，还有较高的钙铁和维生素等营养元素，营养价

酒香拉丝大冬枣

用料：冰鲜大冬枣2500克，冰糖750克，白兰地100克，法国拉丝糖适量。

制法：

1. 冰鲜大冬枣加水2000克和冰糖蒸30分钟；

2. 冷即后倒入100克白兰地酒侵泡30分钟装盘；

3. 拉糖丝盖在菜品上即可。

点评

冬枣甜糯外加淡淡酒香味十分有特色。更大的特色在于法国拉丝糖的点缀，虚幻之中若隐若现，增加了神秘感。让人佩服现代科技的力量。

刘 强

酒香拉丝大冬枣

刘强

国家烹饪高级技师。从厨25年，曾担任清水湾大酒店、小梅园酒家总厨；擅长本帮菜、粤菜、杭帮菜，曾多次参加全国烹饪大赛获大奖，现任瑜悦私房菜总经理。

琥珀桃胶蟹粉酿蛋

刘庆

国家高级烹饪技师，擅长上海新概念本帮菜、淮扬菜、川湘菜及粤菜；2013年荣获中国名厨大赛金奖，2014年荣获中国调料协会上海大赛金奖。在上海梅园村工作8年，任职厨师长，现任梅园春晓总厨。

刘 庆

琥珀桃胶蟹粉酿蛋

用料：桃胶30克，蟹粉30克，鸡蛋6只，青豆10克，盐5克，鸡粉5克。

制法：

1. 鸡蛋用开蛋器把蛋壳去除，倒出鸡蛋加温水炖成水炖蛋；
2. 把发好的桃胶和蟹粉一起烩再一起淋在水炖蛋上面；
3. 把青豆用盐水煮熟后淋上即可。

点评

菜肴要靠设计才会形成艺术感染力。将鸡蛋壳开成整齐的圆口，大小一致，排列在精致的盛器里，就显得与众不同。加上经过"改造"，鸡蛋的味道丰富鲜美，脱胎换骨之后，鸡蛋的档次一下提得很高很高。

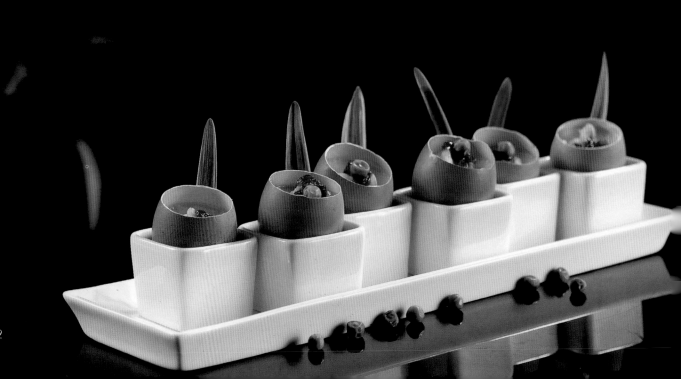

刘鑫

国家高级技师，中国烹饪名厨。2014年在上海国缘兄弟烹饪比赛曾获得特金奖等殊荣。管理过社会餐饮、中高档会所及星级酒店，目前就职于江苏省南通市叠石桥国际家纺城维多利亚国际酒店任行政总厨。

秘制香饼蟹

秘制香饼蟹

用料：三门青蟹500克，自制香饼150克，秘制酱料100克，花雕酒10克，高汤200克，鸡蛋70克。

制法：

1. 青蟹宰杀改刀，进行腌制5分钟；

2. 香饼入油炸制成金黄色，改刀备用；

3. 青蟹拍粉炸熟即可捞出；

4. 炒锅放少许色拉油烧热，青蟹入锅，放入秘制酱料，再放高汤，小火烧制5分钟后，将鸡蛋放在青蟹上，稍许停留装盘，四围放入香饼即成。

点评

三门青蟹为青蟹中最佳，膏满肠肥。自制香饼和秘制蟹的合理搭配，主食和面点组合，体现一种趋势，也间接地降低了菜肴的成本和售价，让更多的客人能够接受。

低温三文鱼配法芹

楼琪

国家高级技师，国家高级营养师，中国烹饪大师，国家级评委，中国烹饪协会厨艺精英联盟上海区成员；上海总厨联盟理事，中国国缘餐饮行业协会常务副秘书长。师从张正龙门下，现任上海东耀餐饮管理有限公司南方区域出品总监，上海香然会高级私人俱乐部行政总厨。

低温三文鱼配法芹

用料：三文鱼150克，法芹10克，芥末3克，刺身酱油15克。

制法：

1. 三文鱼去骨，拔去大刺后放真空袋里，入水用64℃低温煮30分钟；

2. 法芹烤好磨碎撒在三文鱼上，配上干冰装盆即可。

点评

低温慢煮是新技术，好处在于原料虽然经过加热，但依然是生的，保持了本味，而就其理化指标看来，已达到成熟标准。需掌握的技巧是，确定不同原料所需要的温度和加热时间，以及后加的调味能否让原料够味。因为在加热过程中无法调味。

楼　琪

罗杰
国家高级技师，曾任湘满楼口味馆行政总厨，长城花园酒店行政总监，武汉明珠盛宴副总经理。现在开店当老板，计有土锅牛庄、山城印记养生汤菜馆、三山湖虾庄、土著时代等。

罗 杰

滋补强体壮骨汤

用料： 虫草3根，三头鲍鱼1个，鱼翅50克，辽参2条（50头），香菇2个，鱼肚5克，牦牛牛鞭100克，牦牛骨250克，筒子骨200克，土鸡300克，猪手200克，盐4克，鸡粉5克，滋补料包1个。

制法：

1. 将牦牛牛骨、筒子骨、土鸡、猪手、牦牛牛鞭处理干净熬汤熬制汤汁浓稠口感黏嘴取汤备用；

2. 将炖熟牛鞭改刀；

3. 取汤放入滋补料包炖10分钟，取出料包；

4. 把涨发好的鱼翅、虫草、辽参、香菇、鱼肚、鲍鱼改刀好的牛鞭放入煲好的汤中炖5分钟调味即可。滋补料包：枸杞子10克、女贞子6克、白芍15克、肉苁蓉8克、怀牛膝8克、骨碎补15克、盐狗脊10克、鸡血藤15克、木香3克。

点评
《黄帝内经》中记载："五谷为养，五果为助，五畜为益，五菜为充，气味合而服之，以补益精气。"在传统的粤式燕鲍翅制作方法上融入了药膳的原理，从而更好地达到营养滋补作用。

罗开元

毕业于上海旅游专科学校，师从张正龙门下。获国家高级烹饪技师称号，为中国烹饪协会会员。擅长海派菜的烹调，现为上海朗廷会所厨师长。

粤香一品虾球皇

用料：泰国虾仁200克，黄油20克，青红椒、洋葱、干辣椒少许。

制法：

1. 泰国河虾仁改刀上浆，放入脆浆糊入油锅至金黄色；
2. 锅内放少许黄油、青红椒、洋葱一起下锅，与虾炒和后装盘即可。

点评

黄油的使用让虾仁带有了奶香味。泰国虾仁比较大，鲜味略逊于河虾仁，所以，加强调味和变换常用的滑炒方法就找到了理由。脆浆糊让虾仁外壳变脆，黄油味道突显的是所谓外国味道。

罗开元

粤香一品虾球皇

养生豆泥香煎银鳕鱼

马磊

中国烹饪大师，高级技师，安徽省餐饮协会副会长，阜阳餐饮商会会长，上海仟树餐饮管理有限公司董事长，国缘兄弟御印联盟运营策划总监。

马 磊

养生豆泥香煎银鳕鱼

用料：银鳕鱼90克，手剥豆泥100克，干贝、火腿丝各5克，三文鱼籽10克，甜豆10克，百里香草3克，香草油10克，黄油15克，自制鳕鱼汁20克，葱姜料100克，淡奶油30克。

制法：

1. 银鳕鱼改刀放葱姜料汁、淡奶油里浸泡2小时；

2. 鳕鱼上平底锅大火煎成熟后取出改刀；

3. 将干贝火腿丝熬酱，淋在鳕鱼上面；将剥好的豆泥煮熟，用粉碎机加入水1:1打成泥，加入黄油炒制成熟，放入几粒三文鱼籽用百里香草装饰即可。

点评

鳕鱼的处理方式非常好，用淡奶油浸泡，不仅能去除鳕鱼的腥味，还可增加鲜嫩度，令人感受到鳕鱼淡淡的奶香味；在享受完鳕鱼后可以利用豆泥来解除肥腻感搭配很合理。

钱 友

钱友

从厨25年，高级技师。曾荣获2006年世界御厨争霸赛特金奖，2008年中国名厨金鼎奖。分别在上海鼓浪屿、江南风、闽浦渔港、上海天嘟哩啦、桥梓湾大酒店、上官鼎、上海维也纳等酒店任总厨，现任上海寰怡餐饮管理有限公司董事长兼总厨。

罐焖牛肉配野米

用料：精选牛肋肉200克，加拿大野米35克，小鲜人参1根，高丽参1克，自制鲍汁300克，自制翅汤300克，李派林唸汁15克，清酒30克，花生酱10克，冰糖5克，味精5克，蚝油10克，盐3克。

制法：野米入罐加翅汤蒸熟备用；牛肋肉放入瓦罐内，加入鲍汁、翅汤、清酒、急汁、花生酱、冰糖调好味加入人参、高丽参小火煨1.5小时至牛肉酥烂，将牛肉放入装野米的罐里，参放在表面上，原汁加入蚝油、味精调味打薄芡浇到牛肉上即可。

点评

强力滋补是特色。食疗和食补不完全是一回事。假如是食疗，一定要有医生的介入，因人而异，最反对在食物中盲目加药，糟蹋了食物还未必对路。至于广谱的养生，值得提倡。

罐焖牛肉配野米

翡翠薄荷煎澳带

任龙

中国烹饪高级技师，中国烹饪大师，中国淮扬菜大师，中国饭店业国家级评委，劳动部国家级职业技能裁判员。现任海连新天大酒店、爱利泰大酒店、蒸真鲜创意海鲜餐厅董事长。

翡翠薄荷煎澳带

用料：澳带1只，打好的青豆泥100克，翅汤50克，番茄圈50克，芝士片1片，盐2克，鸡粉5克，鸡油5克，风车牌生粉5克，薄荷叶1棵，薄荷酒少许。

制法：

1. 番茄圈放芝士片入烤箱烤好放盘中；

2. 澳带码味，两面煎熟后，置番茄圈上；青豆泥加翅汤煮透，加薄荷酒、盐、鸡粉调味勾芡淋鸡油，倒入番茄圈旁边，上面放入薄荷叶点缀。

点评

清淡素雅，有一种雍容华贵的感觉。三个部分层次清晰，质感、滋味又相互补偿，形成一个整体，美味得到升华。

任 龙

玉桂香草低温三文鱼

司卫星

毕业于上海高等旅游专科学校，师从张正龙门下。国家高级烹饪技师，上海名厨。现任上海东耀餐饮管理有限公司出品副总监，安徽省文一戴斯酒店行政总厨。参加各类大赛频频获奖，如上海名厨烹饪大赛个人赛金奖；家乐杯全国烹饪大赛总决赛金奖，江苏食神大赛金奖。

玉桂香草低温三文鱼

用料： 三文鱼150克，瑶柱1只，三文鱼籽15克，迷你胡萝卜1根，樱桃萝卜1个，迷失香草10克，橄榄油20克，玉桂粉10克，虾酱10克，OK汁15克。

制法：

1. 将三文鱼块加入虾酱调基本味，腌制30分钟；
2. 锅内加入橄榄油烧热放入三文鱼、迷失香草、瑶柱，煎至五成熟加入OK汁翻炒后装盘，最后撒上玉桂粉即可。

点评

此菜是地道的融合菜，非常合理的搭配，营养价值高。利用低温的烹饪方法，不仅保护了三文鱼的营养价值及鲜美的口感，最后再撒上玉桂粉，给菜肴增加了灵魂。

司卫星

法式鹅肝伴蟹黄豆腐

沈杰

国家高级技师，中国烹饪大师，中国名厨。曾任郑州市金山宾馆厨师长，上海大灶传承行政总厨，上海财富海景花园私人俱乐部行政总厨，现任浦东新区康桥花园内部私人俱乐部行政总厨。

法式鹅肝伴蟹黄豆腐

用料：冰镇好的法国鹅肝50克，蟹黄25克，日本豆腐100克，盐2克，鸡粉5克，姜末5克，风车生粉5克，蟹油2克，大叶1片，葡萄1只。

制法：

1. 日本豆腐切小块，凉水锅中煮熟，捞出待用；蟹油入锅中，加姜末煸透，放蟹粉煸透后，加豆腐白开水，烧透调味，勾芡装盘；

2. 冰镇好的法国鹅肝切片，置在盘中的大叶上即成。

沈杰

点评

有道是"豆腐得味赛燕窝"。豆腐的优点除了营养丰富之外，从烹饪角度来说是比较"谦虚"，本身没有好味道但也没有坏味道，一旦与外加味道融合，其柔嫩洁白的质地便成为优点。豆腐的身价也随着配料的价值上升，所以常常为人称道。此菜的鹅肝与豆腐并没有关系，但大大提高了菜肴的档次和售价。

蓝莓芝士炸虾棒

用料：南翔春卷皮1包，虾胶40克，芝士蛋糕20克，蓝莓酱15克，本地生菜1片。

制法：

1. 虾胶、芝士蛋糕用春卷皮包好；
2. 用旺油炸至金黄色；
3. 本地生菜垫底，将蓝莓酱灌入试管里，插在虾棒旁。

点评

芝士与蓝莓酱完美结合，芝士味浓郁，蓝莓味酸甜，虾胶弹牙，外形似棒子，蓝莓酱装在试管里，蘸酱非常方便。创新挺大胆，形式蛮新奇。

盛广富

盛广富

中国烹饪大师，中国名厨大赛金鼎奖得主。历任浦东金鑫楼酒家、上海钱柜餐饮娱乐有限公司厨师长、总厨。北京夜上海饮食娱乐有限公司行政总厨；现任上海津卫东方之珠餐饮娱乐有限公司行政总厨。

蓝莓芝士炸虾棒

茄汁杂粮扣鲜鲍

石磊

国家级烹饪技师，中国烹饪名师，毕业于国内四大烹饪院校之一的扬州商学院，从事厨房工作17年，现任杭州花港海航度假酒店行政总厨。曾任浙江海宁亚东国际酒店行政总厨，苏州西雍古堡会所行政总厨，北京南池子6号院会所行政总厨，擅长淮扬菜、上海海派菜、融合菜、意境菜、官府菜、养生菜等。曾荣获首届全国耗牛藏养烹饪大赛特金奖、全国青年名厨烹饪大赛特金奖、全国第七届烹饪大赛金奖、全国第五届海鲜烹饪大赛特金奖，同时荣获全国十佳金牌菜点。

茄汁杂粮扣鲜鲍

用料：四头鲜鲍鱼1个，浓汤200克，有机番茄3个，麦仁20克，荞麦20克，薏苡仁20克。

制法：

1. 2个番茄打汁，杂粮上笼蒸熟，鲍鱼改花刀；
2. 有机番茄去皮掏空备用；
3. 浓汤打好茄汁，然后将杂粮、鲍鱼放入煮30分钟；
4. 鲍鱼、杂粮放入掏空的有机番茄李装盘即可。

点评

普通的原料，经过设计，就会做成既有营养价值，又色味俱佳兼具艺术美感的菜肴。操作的关键是鲍鱼加热掌握好时间，过头则韧。

石增山

石增山

从厨21年，中国烹饪大师，中国绿色厨艺大师，河南烹饪大师，河南名厨委员会副主席。曾荣获全国烹饪大赛第三届、第五届金奖；河南烹饪艺术家称号和"五一"劳动奖章。现任河南四哥尚食餐饮管理有限公司总经理。

招牌鱼饼

用料：花鲢鱼尾2500克，盐8克，小苏打2克，糖6克，味精3克，生粉30克，马蹄50克，肥膘肉50克，黑椒碎1克，葱白粒5克，干陈皮粒、蛋清、麻油少许。

制法：

1. 先将花鲢鱼尾去皮，去骨，去鱼红肉，改刀成条状，冲清水5分钟捞出，放入绞肉机绞三遍后放入盆中，加入盐、小苏打拌匀封上保鲜膜，再放进冷藏冰箱中醒两小时；

2. 将醒好的鱼肉放入搅拌机中用快档搅拌，待2~3分钟后，放入糖、味精，继续搅拌3分钟后放入蛋清，待2分钟后再放入生粉水50克，最后倒入麻油；

3. 将搅拌好的鱼肉放入盆中加马蹄、肥膘肉、黑椒碎、葱白粒、干陈皮粒少许，用手拌匀后再挤出50克一只的圆球待用；

4. 取平底锅上菜籽油烧热后，将挤好的鱼球在手中压扁成饼状，放入平底锅中两面煎熟成金黄色后，装盘即可。

点评

平常菜用心做就能成为与众不同的精品。看看这些配料，还没品尝你就能感觉到这鱼饼不同寻常。我们来做些解释：马蹄为了增加爽脆质感；糖为了吊鲜；肥膘为了增加滑嫩的口感；黑椒碎、葱白粒、干陈皮粒为了除腥起香；鱼肉搅拌后放冰箱里"醒"，是为了让鱼肉充分吸收水分，保证成品光滑圆润。小小一道菜，处处藏机巧。

本帮油爆虾

史建军

中国烹饪大师，高级烹饪技师。中国国缘餐饮行业协会常务副会长，国缘兄弟御印联盟常务副主席，安徽阜阳餐饮商会秘书长。

本帮油爆虾

用料：大河虾300克，陈皮20克，生抽10克，糖20克，香醋5克。

制法：

1. 把大河虾的脚和须剪掉，洗净，用高油温炸脆壳；
2. 锅里姜末和陈皮炒香，加入上述调料下虾，翻炒收汁即可。

点评

油爆虾系上海本地名菜，特点是壳脆肉嫩，十分入味。操作关键是油炸虾时油温要达到九成，瞬间将壳炸脆，又不致使虾肉大量失水。所以动作要快，油温掌握要准。这道菜在口味上稍作调整，加入了陈皮和醋，香味和回鲜特色得到了发扬光大。

史建军

孙　浩

孙浩

扬州大学烹饪专科毕业。中国烹饪大师，中国饭店业国家级评委，中式烹调高级技师，中国国家名厨，江苏省十大名厨，国家高级公共营养师。江苏省总工会"江苏省五一创新能手"、亚洲厨神大赛（宜兴）特金奖、第六届中国技能大赛（江苏赛区）特金奖、连云港市"久和杯"美食大赛金奖、连云港市美食文化节烹饪技能大赛特金奖、"连云港市最美职工"。现任中国饭店协会青年名厨委副主席，连云港市餐饮商会副会长，连云港市食文化研究会副会长，连云港国缘餐饮行业协会副会长。

橙香鸡肉卷

用料：清远鸡肉200克，橙子200克，鱼胶冻100克，盐5克，糖10克。

制法：

1. 清远鸡洗净，开水煮15分钟后用冰水泡1小时；
2. 橙子榨汁和鱼胶冻煮开后倒在平盆里；
3. 结冻的橙子汁水卷起鸡肉装盆即可。

点评

此菜的亮点在于巧妙地运用凝冻包卷技术，使得寻常的鸡肉变得外形晶莹剔透，尤其是清香的橙味让鸡肉平添新的味道。它的技术难点在于橙皮制作，不可太厚，要能包卷而不破。

橙香鸡肉卷

中式豆酱烤茄子配法式生蚝

孙远台

从业15年，擅长上海菜的烹制。现为麦盛莉餐饮有限公司莘庄店厨师长。曾获得上海技能大赛指定菜肴金奖及冷菜团队创意金奖。

中式豆酱烤茄子配法式生蚝

用料：生蚝1只，杭茄150克，鱼子酱10克，金华火腿15克，迷迭香草5克，小米椒10克，自制黄豆酱20克，清酒50克，日本味淋30克，甜豆10克，家乐爆炒酱15克。

制法：

1. 将杭茄改成圆墩装，入烤箱烤制12分钟，加上自制黄豆酱，再烤5分钟；

2. 生蚝去壳清洗干净后加入清酒、日本味淋浸泡30分钟至入味后取出，上锅加入小米辣、火腿丁、家乐爆炒酱翻炒均匀后，装盘，用香草和鱼子酱装饰。

点评

此菜利用西式的手法处理生蚝，用中式的手法烹饪，不仅把生蚝的腥味去除，还增添许多亮点。茄子搭配法式生蚝，赋予菜肴全新的口感，最后再配上鱼子酱，又一次挑逗了食客的味蕾。

孙志鹏

中国烹饪大师，国家高级烹调师。从厨20年。2012年中国饭店协会大赛金牌得主，2008年中国调料协会大赛荣获金奖。潜心研发创意菜，曾在金陵饭店、开元酒店、木棉花酒店等高星级酒店工作，现任金桂酒店管理集团餐饮总监。

孙志鹏

牡丹敲虾

用料：基围虾、香菇、芥菜、盐、味精、鸡精、蚝油、酱油、玉米粉、意大利面适量。

制法：

1. 基围虾去壳，放在粉堆里锤成虾片；
2. 香菇切丝用调料烩烧一下；
3. 芥菜梗用水烫一下再刻成花叶子；
4. 虾片用意大利面串成牡丹花上笼蒸熟、挂汁，再把烩好的香菇摆在盘里，像牡丹花树枝一样。摆上芥花叶子和挂好汁的虾片即成。

点评

敲虾是一道传统菜，流行于台州、温州一带。将敲虾摆成花的形状，是对这道菜的提升。但是，敲虾做得好不好还是有讲究的。敲的时候由中间而边缘，边缘尤其要注意完整，厚薄要一致。还要注意操作速度，不能因拼摆而影响菜肴的温度。

牡丹敲虾

唐洪亮

国家高级厨师，多家大型酒店厨师长。入行厨业17年，擅长淮扬菜、徽菜、川湘融合菜。荣获2014年国际烹饪艺术大师、2015年中国十佳名厨称号、2016年获中国创意菜金勺奖。现任江苏海门大岛国际大酒店技术总监。

松露酱煨有机蘑菇

用料：有机小蘑菇500克，松露酱、松露油适量。

制法：

1. 将蘑菇焯水后改刀，加黄油锅内煎香；
2. 加高汤、松露酱、老抽小火煨30分钟后收汁装盘即成。

点评

蘑菇加上松露油和松露酱，不仅提升了档次，更提升了鲜味的档次。烹制时特别要提醒的是，蘑菇一定要先焯水再改刀，不然刀口处容易断裂；松露油在收汁时才加入。

松露酱煨有机蘑菇

唐洪亮

童金山

从厨近20年,中国烹饪大师,中国名厨委会员。曾任品宴轩厨师长、维也纳国际酒店行政总厨,现任海吉雅会所行政总厨。

怀石碳烤澳带配帕尔马火腿鲟鱼子

用料:日式澳带2粒,帕尔马火腿8克,鲟鱼子2克,金针菇10克,薄荷叶2朵,脆米5克,淡奶油20克,咖喱粉5克,盐2克,鸡粉2克。

制法:

1. 金针菇盐水加咖喱粉一起煮熟用干发箱干发12小时备用;

2. 澳带低温64℃6分钟后再用橄榄油煎香备用;

3. 把怀石烤箱烤热,将自制蛋黄酱放在怀石上面,帕尔马火腿手撕成小片放在蛋黄酱上,再把煎好的澳带放在帕尔马火腿上面;

4. 淡奶油烧开倒入虹吸瓶加2颗奶油;

5. 把虹吸瓶里的淡奶油挤在澳带旁边,用火枪烤一下上色,插上干发好的金针菇即可;

6. 最后用鲟鱼子酱和薄荷叶点缀。

点评

这道菜用了目前西餐烹调最时尚前卫的技法:虹吸瓶裱花和火枪燎烤。虹吸瓶原用于咖啡表面打泡。用于中菜裱花,方便操作。火枪燎烤营造特殊氛围,具有观赏性。就菜肴本身来看,表面直接燎烤能起到调控焦色、香味、成熟程度,又不致于破坏原有形态,也不会造成内部过度加热。

怀石碳烤澳带配帕尔马火腿鲟鱼子

鱼子酱翡翠双味虾球

万家云

国家高级烹饪技师，2006年获上海国际餐饮博览会青年烹饪大赛金奖，第八届FHC上海国际烹饪艺术大赛荣获金奖，2009年味道青年烹饪大赛荣获金奖。曾在盆景汇大酒店、德月楼大酒店、鼎汉宫大酒店担任厨师长，现任鑫城大酒店行政总厨。

鱼子酱翡翠双味虾球

用料：虾胶20克，野生虾仁20克，鱼子酱2克，苦瓜50克，沙拉酱10克，食盐2克，味精2克，脆皮糊10克，色拉油200克。

制法：

1. 苦瓜切环去籽，塞入虾胶，上笼蒸2分钟装盘；

2. 野生虾仁改刀入味，放入脆皮糊里，在油锅里炸成金黄色捞出，裹上色拉酱放在苦瓜上，撒上鱼子酱即可。

点评

苦瓜消热解毒，虾含有丰富的蛋白质，所以此菜最宜夏天食用。除了营养，两种原料结合也很般配，虾仁香脆鲜甜，苦瓜碧绿略带脆性，内里鲜嫩滑柔。堪称色味形具佳。

万家云

汪国斌

毕业于上海旅游专科学校，中国烹饪大师，当代名厨，国家高级烹调技师。自幼爱好厨艺，25岁开始担当大型酒店厨师长。从业厨龄20年，现任合肥靖晟食品有限公司总经理。

低温三文鱼青瓜卷佐蛋黄酱

用料：三文鱼100克，青瓜80克，三文鱼子10克，蜜豆5克，迷迭香5克，自制蛋黄酱3克，食用香草2克，盐2克。

制法：

1. 青瓜洗净切片备用；

2. 三文鱼去皮去刺切成15厘米块，用迷迭香和盐腌一下，真空低温64℃6分钟；

3. 用平底锅把低温好的三文鱼一边煎香，再用切好的青瓜卷起来装盆；

4. 把三文鱼子放在三文鱼卷上面，旁边淋上自制蛋黄酱和食用花草即可。

汪 国 斌

低温三文鱼青瓜卷佐蛋黄酱

点评

低温慢煮也许是分子美食给到中菜最实用的方法。特点是煮好之后原料依然是生的，但其所含细菌却已杀灭。能够保持原料本味和嫩度，又便于提高出菜速度。这道菜不仅色、形可人，质感丰富，营养价值也非常高。

浮云红烧肉

汪国华

国家高级技师，中国烹饪大师。从厨30年，擅长上海本地菜和海派菜的烹制，先后在许多知名的饭店担任厨师长，现任上海沂杉餐饮管理有限公司总经理。

浮云红烧肉

用料：五花肉100克，土鸡蛋1只，老抽5克，生抽5克，糖45克，排骨酱30克。

制法：

1. 五花肉切成15厘米的正方形块，用小火慢炒起香，加入调料烧烂；
2. 土鸡蛋低温90℃煮成温泉蛋，一切二；
3. 制作棉花糖来装饰点缀。

点评

这个菜告诉我们，棉花糖巧妙运用，能起到很好效果。红烧肉添加排骨酱会有与众不同的特殊美味。

汪金平

国家高级技师，擅长安徽菜、江苏菜。1999年起学厨，用心专研，20岁起就在芜湖市几家中高档酒店担任主厨。2010年进入芜湖市国宾馆铁山宾馆工作至今，现任宾馆后厨房厨师长。

什锦鱼羊鲜

用料：羊肉500克，鳗鱼1条，鸡蛋、火腿、胡萝卜、芦笋适量。

制法：

1. 羊肉加葱姜入清水桶煮至八成熟捞出剔骨取肉后改刀；

2. 河鳗一条，颈部剪开取出内脏，改刀成段，放清水下冲去血水；

3. 鸡蛋10个打散搅匀，煎成蛋糕，改菱形块。另备火腿、凉粉、胡萝卜、芦笋；

4. 锅加少许猪油烧热，放火腿、河鳗段煎香，加二汤，大火烧5分钟后加羊汤、羊肉、蛋糕和胡萝卜，快起锅时放入处理好的芦笋和凉粉，撒胡椒粉调味即可。

点评

鱼加羊是"鲜"字的造字方法。说明古人早已认识到两者结合会产生非常美好的口感。鱼羊鲜这道菜做法非常多，但做成排列齐整像十锦砂锅一般却很少见。尤其是选择河鳗作为"鱼"，更见新意。鳗鱼肉还被剞上花刀，让整个画面整齐中又有了变化，让人感叹厨师的精妙手艺。

汪金平

什锦鱼羊鲜

北京烤鸭

王余树

王余树
国家高级烹调技师，中国烹饪大师。现任北京强金岩餐饮管理公司董事长，北京阿飞烤鸭管理有限公司总经理。

北京烤鸭
用料：北京填鸭1只（约2500克），自制鸭饼15张，荷兰黄瓜丝50克，章丘京葱丝50克，自制芝麻饼10个，自制烤鸭酱100克，自制脆皮水200克。
制法：
1. 烤鸭的选料及品质非常关键，必须要选择将北京地区经过专业养殖的填鸭；
2. 片皮鸭处理好，挂脆皮水风吹干后，挂炉烤制45分钟后取出即可。

点评
片皮鸭是一道北京地方特色名吃，烤鸭的制作方法是挂炉烤制，首先要用独家拥有的佐料涂生鸭之上，掌握火候，火欠则生火过则黑，烤好的鸭子色泽枣红，鲜艳油亮，皮脆肉嫩，味道醇厚肥而不腻的特色，被誉为京城四大名吃之一。

王从猛

中国烹饪大师，中国国缘兄弟御印联盟秘书长，中国国缘餐饮行业协会常务秘书长。精通淮扬菜、徽菜、金陵菜，曾任江苏省盐城市开元大酒店主厨、南京河海大学友谊山庄副厨师长、海门市吉天乐海鲜城厨师长、海门市龙源宾馆厨师长。现任南通永泰国际大酒店任厨师长。

点评

这道甜品制法比较复杂，包含着分子美食的做法，体现出科学性。成品的色味形效果极佳，最受小白领的喜欢，也适合在高档宴会上使用。它实际上是由几个独立的部分组成的，因此，假如抽提出来，可以分别做成不同的品种，或是与其他菜肴结合。

王 从 猛

夏日之恋

用料：苹果汁，苹果1只，新疆香梨3颗，奶油800克，奶油300克，面粉500克，鸡蛋5颗，75%巧克力，泡打粉5克，大豆软磷脂5克，鱼胶片2片，黄原胶0.2克，黄金糖20克，葡萄糖40克，冰激凌稳定剂10克，白葡萄酒500毫升，香槟酒200毫升，香草棒2根。

制法：

1. 苹果味果冻：将鱼胶3片，黄原胶0.2克用冰水100克泡开，然后加入黄金糖20克，加热融化，缓慢地加入苹果汁中。待温度降到65℃时倒入模具中，完全冷却后即可使用；

2. 坚果糖片：将葡萄糖放烤箱加热到190℃，烤5分钟，取出撒坚果冷却即可；

3. 液氮冰激凌：奶油800克，香草一根，牛奶200克，转化糖50克，葡萄糖45克，冰激凌复合稳定粉8克，以上所有烧开，取小盆隔冰水冷却，加入液氮在搅拌机打发即可；

4. 白葡萄酒烩雪梨配香槟泡沫：梨切丁，加入苹果胶5克，糖50克，白葡萄酒150克加热至熟，香槟200毫升加入大豆软磷脂15克，用手持搅拌器打入空气呈泡沫状；

5. 西班牙巧克力流心球：将面粉、鸡蛋、牛奶、泡打粉5克搅拌均匀，加入巧克力放入锅中炸制成球状；

6. 淡奶油加入糖，打发呈泡沫状，苹果切丁，分层次加入到杯中，将以上步骤的甜品装入盘中即可。

王大波

中国烹饪协会会员，中国国缘餐饮行业协会会员，中国冷厨委员会副会长，中国西北冷厨委员会会长，陕西省烹饪大师，西安大波食材商行总经理，西安轩茱国际宴会中心首席冷菜总监，西安玖鸿陕西名厨俱乐部研发中心主任，西安千岛湖野生大鱼坊总经理。

秘制关中黑猪叉烧

用料：关中黑猪五花肉500克，蒜3粒，姜5片，葱2根，洋葱1个，米酒一小勺。

制法：

1. 五花肉去皮，洗干净；

2. 先用糖按摩五花肉至糖融化，再加入盐入味，盐不要一下子加入太多，以防过咸，然后加入一小勺老抽上色；

3. 加入生抽提鲜，然后加入一小勺米酒，腌制均匀，继续按摩五花肉大约5分钟；

4. 蒜去皮加入五花肉中，再加入葱姜，还有切碎的1/3个洋葱，腌制均匀；

5. 烤制还有一层薄薄的油，直到叉烧部分油脂被逼出，表面上色均匀漂亮即可。

点评

关中黑猪是我国著名的肉猪品种，并且获得农业部首批地理标志产品，因产自陕西关中地区，故名关中黑猪，此菜选用关中黑猪精五花肉为原料，结合了广式叉烧肉及澳门烤肉的部分腌制方法，融合西北地区的饮食口味，烤制而成，成品色泽红艳，入口留香耐人回味。

王大波

秘制关中黑猪叉烧

黄金香芋球

王大生

中国烹饪大师、江苏省烹饪名师。擅长粤菜、淮扬菜及海派融合菜制作及培训。先后在张家港市嘉华餐饮有限公司、上海市榕港大酒店、江阴市汉皇国际酒店、沪华国际酒店担任行政总厨。曾获奥食卡全球烹饪大师荣誉称号。

黄金香芋球

用料：香芋200克，面包糠100克，糖100克。
制法：
1. 香芋蒸熟用糖拌好，做成球形滚粘上面包糠；
2. 60℃油温炸熟装盆，点缀装饰下即可。

点评

香芋细腻，软糯，拍上面包糠炸脆外表后，香脆在绵软的衬托下格外明显，吃的时候要非常小心，里面的芋泥滚烫，这也是一个卖点或者说是一大特色。

王 大 生

王飞

王飞

中国烹饪大师，国家高级技师。从厨20年，致力于徽菜的传承和创新。曾获中国名厨大赛上海赛区金奖。担任过多家酒店的行政总厨，现任一城一味有限公司总经理。

徽派红烧肉

用料：土猪肉300克，菜杆100克，老抽10克，生抽5克，糖20克

制法：

1. 土猪肉蒸到八成熟取出，切成厚片，锅里用菜籽油炒香加入老抽、糖，小火慢炒；

2. 炒好的土猪肉入蒸箱蒸20分钟后取出放锅里收干汁水；

3. 多出来的汤汁和菜杆子煮熟垫底，炒好的土猪肉放在上面即可。

点评

红烧肉全国都有，每个地方都会有自己的标签，是所谓的"求大同存小异"。安徽的特色在于烧后蒸，再收汁。底下再放些衬托物。特点在于大批量制作，装盘时又显得丰满。荤素搭配，浓淡相济。

徽派红烧肉

王光明

王光明

国家高级烹饪技师，擅长本帮菜和融合菜的开发与创新。曾任上海铁道宾馆副厨，南方商城大酒店厨师长，南通皇朝国际总厨。现任上海新和诚大酒店行政总厨，

香芒鹅肝配香槟有机番茄

用料：蒸熟的鹅肝100克，芒果100克，有机番茄3个。

制法：

1. 取鹅肝1个，加入1000克牛奶、50克清酒、50克味淋、5克盐，蒸45分钟，取出100克待用；

2. 将100克打成鹅肝酱，放入双通管速冻2小时；

3. 将芒果入打成芒果酱，加入适量纯静水烧开，放2片明胶片、融化、过滤、放在盘子上铺成正方形，冷却成芒果皮；

4. 将冻好的鹅肝酱取出，放在芒果皮上卷起来；

5. 将有机番茄挂上香槟汁（香槟汁：香槟60克、白糖20克、水30克，烧开，加入明胶片2片融化过滤即可）配上鹅肝装盘。

香芒鹅肝配香槟有机番茄

点评

色彩漂亮，鹅肝细腻鲜美，芒果味道很香，在甜味的包围下，带咸味的鹅肝很突出。这是一道制作非常精细讲究的菜肴。芒果凝结成皮能否将鹅肝包卷起来而不破，取决于凝胶片与水的比例，包卷也要做到粗细一致才美观。

王海波

国家高级烹调技师，中国烹饪大师。师从张正龙门下，曾担任上海多家大型餐饮酒店行政总厨、技术总监、总经理、高级顾问。着力新派菜肴的研发，擅长制作粤菜、本帮菜、川湘菜，曾多次荣获全国烹饪大赛金奖。现任无锡柠檬小镇行政总厨、上海金宴诚品酒店行政总厨。

火焰大麻球

用料：糯米粉3包，双喜泡打粉50克，糖900克，白芝麻100克。

制法：

1. 用2包糯米粉用开水调制（比较稀），再加一包干的糯米粉、白糖一起搅拌；后醒2小时；
2. 取糯米粉团150克，揉成球形蘸点水后滚上白芝麻备用；
3. 把油烧到30℃后把麻球放进去慢慢炸，让其慢慢发出来即成。

点评

这是一款可以用作展示的点心，而且可以获得一片赞叹声：麻球居然可以那么大！分析其操作要点，那就是油温的掌控，一定要在麻球成型后用勺子一边挤压入油中一边炸，油温不可太高或太低，否则要么炸焦要么缩瘪不成形。

王海波
火焰大麻球

西班牙火腿手卷金枪鱼

王经同

国家高级烹调技师，营养师。从业22年，曾在赣榆县政府招待所厨师长。现任聚锦楼家宴、海连云天大酒店两家酒店董事长、行政总厨。

王经同

西班牙火腿手卷金枪鱼

用料：金枪鱼120克，西班牙火腿片20克，三文鱼籽15克，红加仑子10克，玉桂粉8克，黑胡椒粒5克，鲜金橘汁60克，百里香草3克。

制法：

1. 将金枪鱼改刀，加入玉桂粉、黑胡椒粒、鲜金橘汁腌制入味；
2. 将西班牙火腿刨成薄片，包在腌制好的金枪鱼上，入烤箱烤制5分钟至金枪鱼五成熟，让火腿的香味渗入到金枪鱼里面。最后放上三文鱼籽酱即可。

点评

用火腿和金橘汁制作金枪鱼，真是一种创新，金橘比橘子有个性，外皮甜，里面酸。它与带有腥味的原材料搭配之后，天然的酸、天然的甜会渗透到原材料里去，沁人心脾的浓郁橘香时不时会冒出来，与西班牙火腿浓厚的香味互相结合，一轻一重，一外一内，让人久久回味，带给人们舒适的品味感受。

王立升

中国烹饪大师、国家高级技师。从厨20多年。曾任职绍兴饭店翠蜓轩高级餐厅，上海一品粤珍集团，现任职于安徽文一戴斯大饭店宴会厨师长。多次参加国家级烹饪比赛，获得多项金厨奖、特金奖等称号。

果香南瓜盏

用料：南瓜盏1只，杏仁片20克，花生米10克，哈密瓜20克，淡奶油20克，盐2克。

制法：

1. 南瓜蒸熟取肉打成泥；
2. 淡奶油和南瓜泥、哈密瓜做成馅倒入掏空的南瓜盏里；
3. 入烤箱烤20分钟后撒上杏仁片和花生碎即可。

点评

这道菜做法比较平常，但是装盘形式非常有想法。故意将南瓜盖子戴歪了的效果使画面顿时活了。边上再漏出一点奶油，巧妙地将本该在里面的杏仁片等坚果挂在了外面，突出主题，诱人食欲。

王立升

果香南瓜盏

蟹粉鱼面情

王强军

国家高级烹饪技师，中国烹饪大师。曾参加世界名厨烹饪大赛获得金奖，国际调味品大师争霸赛获特金奖。从业23年，历任温州曼哈顿至尊公馆行政总厨，南通维多利亚国际酒店出品总监。现任百谷(上海)餐饮集团有限公司出品总监、上海森谷餐饮集团有限公司出品总监。

蟹粉鱼面情

用料：鳜鱼一条600克，鸡蛋面200克，蟹粉150克，三丝5克，盐2克，味精2克，蟹油50克，姜末5克，胡椒粉5克，猪油5克，色拉油300克。

制法：

1. 鳜鱼去除头尾，鱼身切成鱼丝浆好；头尾加入盐，味精入蒸箱蒸熟备用；

2. 炒锅上火，加热入蟹油、猪油、姜末，炒香蟹粉备用；

3. 炒锅放入开水，面条煮熟捞出摆放于盘中，鳜鱼头尾放在盘子两头；

4. 炒锅入色拉油升温，把鱼丝均匀的划散，倒出沥油。炒锅留少许底油放入蟹粉，鱼丝调味。均匀地浇在鸡蛋面上，放入三丝即可。

点评

给传统的蟹粉菜注入新的生命，用新鲜的桂鳜鱼配以蟹粉、面条相结合。三者完美演绎了鱼与面的不了情缘。

火焰钢管鸡

王新良
中国烹饪大师，国家高级烹饪技师。多次参加国家级大赛荣获金牌。现任中国国缘餐饮行业协会河南分会秘书长，河南花溪国际大酒店餐饮总监。

王新良

火焰钢管鸡

用料：童子鸡800克，芹菜100克，香菜100克，秘制麻酱，朗姆酒20克。

制法：
1. 童子鸡洗净用素菜香料腌6小时，挂上脆皮水风干；
2. 把吹干的童子鸡炸成金黄色挂在钢管上面，跟上秘制酱即可。

点评

此菜风靡一时，受欢迎的原因一是油炸，脆皮嫩肉，价格不贵；二是装盘形式别出心裁，将鸡挂在钢管做成的架子上，看起来立体，吃起来手撕，参与感和豪爽让小白领趋之若鹜。产品的升级在于味型和质感。

王燕军
国家高级烹调技师。擅长冷菜制作，曾参加多项比赛荣获金奖。现为上冷汇高级会员，担任上海莹珠阁餐饮有限公司凉菜总监。

私房红酒鹅肝
用料：鹅肝100克，红酒25克，黑加仑饮料25克，万字酱油25克，味淋25克，草莓酱蓝莓酱各10克，莫莉黑醋5克，牛奶10克。
制法：鹅肝用牛奶泡12小时，蒸25分钟后用粉碎机打碎后灌入模具冷冻成型，泡在用红酒等调料调好的料里泡6小时即可装盘、点缀装饰。

点评
这是鹅肝酱的新做法，新在调味料的复合性，解决了鹅肝的腥味和菜肴的带有浓郁日式风味的特有味道。新在菜肴成型的新异感，而且由于巧妙地利用了模具成型，整齐划一且方法简单。

王燕军
私房红酒鹅肝

吉星高照

王奕木

中式烹调高级技师，国家技能竞赛裁判员、评委，中国烹饪名师，餐饮国家级评委，国家高级烹调技师，中国营养膳食烹饪大师，中国食疗养生讲师，瓯南养生菜品研究会会长，阿一鲍鱼制作大师，中国烹饪协会会员，中国药膳专业委员会委员，浙江餐饮行业协会理事，温州中国瓯菜发展研究会副会长。

吉星高照

用料：金橘200克，葡萄干20克，芒果100克，核桃20克，马苏里奶酪200克。

制法：

1. 金橘两头切掉，把里面的肉挖出；
2. 奶酪和葡萄干核桃一起调成馅酿在金橘盒里冷却即可。

点评：

这道菜做法简单，味道却不简单。用奶酪作为主味调和水果，味道新奇带有浓厚的异域风情。尤其是经过冰冻，在夏天吃，看着清凉，食来奶香果香味道慢慢在舌尖弥散，称得上别出心裁。

九层塔澳带炒法国鹅肝

王宇沥

国家高级烹调师，历任上海浦东假日酒店中餐厨师长，丽晟假日酒店中餐厨师长，上海锦沪酒店管理有限公司出品总监。擅长制作粤菜、鲁菜。

王宇沥

九层塔澳带炒法国鹅肝

原料：澳带300克，法国鹅肝100克，芦笋100克，青红椒、九层塔少许，鸡蛋1个，日本烧汁，盐，鸡粉。

制法：

1. 澳带吸干水份腌制，两面煎透；
2. 鹅肝改刀拍面粉炸脆；芦笋、青红椒焯水；
3. 辅料主料一起下锅，用烧汁调味，最后出锅撒上鹅肝、九层塔即可。

点评

煎澳带有讲究，需要吸干水分后用大火煎，断生即出。时间一长容易损失水分，致原料变老。九层塔是一种香料，有特殊的香气，要稍微烧一下，让香味逸出，过头则色变。鹅肝也必须掌握在断生阶段，所以火候是这道菜的成败关键。

健康醋盐海参

王振东

国家高级技师，国际饭店烹饪协会副会长，中国冷厨委员会理事。曾获2014年中国饭店协会杰出烹饪名师称号。

健康醋盐海参

用料：关东参1条，青柠50克，盐5克，柠檬汁5克。

制法：

1. 关东参胀发好后开水烫一下，用吸油纸擦去表皮水分；
2. 青柠一切二和柠檬水一起调制成汁；
3. 海参用竹签串号放在最上面即可。

王振东

点评

这是海参的新吃法。海参无味，但是档次很高、价格贵，所以最常见的烹饪思路就是用熬制好的浓汤来滋润、感染，让海参被动地美味起来。而这里就让海参自己秀出本质美，只用带有果酸味道的清淡调味来去处腥味，让人品鉴的注意力集中在海参的质感上。所以，海参的品质必须好。

京葱烧汁银鳕鱼

魏宏玉

中国烹饪大师，曾任喜来登大饭店餐饮总监，众渔餐饮管理有限公司餐饮总监兼技术顾问，上海翊凯餐饮管理有限公司副总经理，现任仁联集团餐饮管理有限公司总经理兼餐饮总顾问。

京葱烧汁银鳕鱼

用料：银鳕鱼150克，京葱50克，烧汁10克，太古糖浆5克，美极鲜3克。

制法：

1. 银鳕鱼洗净吸干水分，把调好的烧汁裹在鱼身上入烤箱烤20分钟；

2. 留下来的汁水和京葱小火煨10分钟收干汁水浇在银鳕鱼面上即可。

点评

鳕鱼烤得好，全靠烤箱温度的掌控和调制的酱料正确。烤箱必须先加温至200℃左右，然后才放进鳕鱼，并提高温度。鳕鱼很嫩，温度低会使水分流失，鱼肉变老。而酱料必须带有黏性，直到完成烤制，酱料依然均匀地裹附在鱼表面。

魏宏玉

吴金龙

麦香金钱蹄

麦香金钱蹄

用料：猪蹄1000克，燕麦200克，荷兰豆20克，潮州卤水料1000克，
冰糖50克，老抽20克。

制法：

1. 猪蹄去骨洗净，放入调好的卤水里卤2小时；
2. 燕麦加水蒸熟备用；
3. 把蒸熟的燕麦放在卤熟的猪蹄里面用纱布扎起来，冷却后切片；
4. 荷兰豆盐水煮熟围边即可。

点评

将燕麦裹进卤猪蹄确实出人意外，效果也就出来了，卤猪蹄的味道
滋润了燕麦，燕麦则回报给猪蹄软而略带弹性的质感，这样皮韧肉
酥心软的特色就形成了，而且营养丰富。

吴金龙

国家高级烹饪技师，上海烹饪协会会员。毕业于合肥旅游专科学院，
曾获得中国名厨烹饪大赛金奖。后在天鸿饭店、环球大厦商务酒店任
厨师长，现担任枞阳国际大酒店厨师长。

书香脆椒牛肉

吴照民

高级技师，国家一级评委，河南烹饪艺术大师。曾获第三届东方美食国际大赛金奖、第四届东方美食国际大赛暨奥运超厨总决赛中国超厨、法国奥古斯名厨美食会大中华区优质勋章、第二届北京名厨创新大赛特金奖，现任国缘餐饮行协河南分会常务副会长。

书香脆椒牛肉

用料：牛腱子150克，橙皮5克，冰糖5克，干辣椒3克，牛肉汁1克，牛肉粉1克，老抽5克，脆椒10克。

制法：牛腱用花椒盐爆腌3小时，用萝卜，葱姜，烧80分钟，泡4小时，改刀成方丁，用橙皮、冰糖、牛肉汁、牛肉粉、干辣椒、老抽调料煮30分钟，裹上脆椒即可。

点评

这道菜的烹调方法很有意思，它是将原料焖烧之后滚黏上粉末状调味料即成的形式。外观有点像粘满可可粉的巧克力。猜想这种做法的灵感也来自甜品。有了这个先例，就有了变化的可能。原料可以换，调料也可以换，要把握的分寸是，原料不能太硬；粉料口味要有特色，颜色要漂亮些。尤其是外加的调料要与原料般配、互补。

吴照民

绝味龙虾汤煮龙趸鱼

吴章保

从事烹饪行业18年，先后在上海国龙大酒店、金山海岸大酒店、老
米蛇岛、南京大富豪酒店、海港大酒店工作。现任安徽合肥贝斯特
酒店中餐厅厨师长。荣获国家高级烹调技师证书。

绝味龙虾汤煮龙趸鱼

用料：龙趸鱼100克，龙虾壳100克，青柠1只，小红萝卜1只，薄荷
叶1朵，紫叶包菜5克，清酒5克，盐1克，鸡粉2克，清鸡汤50克。

制法：

1. 把龙趸鱼和皮分开洗净，鱼肉用基本味腌制，鱼皮切成丝备用；
2. 龙虾壳用黄油炒香加入清鸡汤煮成龙虾汁备用；
3. 腌制好的鱼肉用黄油小火煎熟放入盆里，鱼皮切成丝后和调制好
的龙虾汤一起煮熟后淋在鱼肉上面；
4. 把青柠和小红萝卜等围在旁边即可。

点评

龙趸是石斑鱼的一种，由于形体大，通常放养在鱼缸里供人观赏。
实际上它的肉质非常鲜嫩，鱼皮则软韧而带有丰富的胶原蛋白。鱼
肉西法油煎；专门调制龙虾汤和鸡汤，都是为了提升菜肴的味道和
档次。鱼肉在好汤的扶持下，美味可以想象。

吴章保

项远久

国家高级烹饪技师，中国烹饪大师。毕业于扬州大学烹饪系。曾任无锡金色豪门酒店、天津正阳春烤鸭店行政总厨。现任天津市津悦东方餐饮管理公司行政总厨。

西蓝龙鱼柳

用料：龙舌鱼150克，西蓝花100克，自制辣椒酱50克，小葱10克，白蒲米酒10克。

制法：

1. 将龙舌鱼切成厚片，腌制5分钟，用筷子把龙舌鱼卷成圈；
2. 龙舌鱼装盘，每片上面放适量自制辣酱，入蒸箱中6分钟取出；
3. 龙舌鱼两边放入西蓝花，用沸油淋上即可。

项远久

西蓝龙鱼柳

点评

龙舌鱼口感滑嫩。取蒸法，凸显了它的本质美，营养丰富。

装盘的形式立体，拔高了视觉的审美效果。

肖晓（肖玉周）

中国烹饪大师，国家烹饪高级技师。曾荣获第十七届FHC中国国际烹饪艺术比赛中式海鲜金奖，第十七届FHC中国国际烹饪艺术比赛中式牛肉类金奖。2014年成立自己的贝尔厨艺工作室。

烧汁烤鳕鱼

用料：银鳕鱼300克，鸡蛋清100克，鱼子酱2克，洋葱250克，牛奶20克，盐5克，自制烧汁250克。

制法：

1. 银鳕鱼解冻去皮，用自制烧汁腌制10分钟；

2. 取托盘，洋葱切片铺在托盘上，银鳕鱼取出放洋葱上入烤箱，烤箱上下火180℃，烤制9分钟，中途刷酱两次，出炉之前刷蜂蜜一次，焖1分钟；

3. 蛋清加牛奶、盐制作芙蓉蛋白垫底，放上烤好的银鳕鱼装盘即可。

点评

银鳕鱼是适合烤的，因为其脂肪含量很高。烤制过程中，部分脂肪溢出，高温之下会散发出浓郁的香味。脱水之后，鱼肉本味得到浓缩，增强了鱼肉的鲜美滋味。此菜的妙处还在于它的搭配，用炒好的鲜奶垫底。鳕鱼本身很嫩，烤制后肉质稍紧，再更为柔嫩的鲜奶衬托下，分出层次感，使品食成为一种享受。

肖晓（肖玉周）

烧汁烤鳕鱼

芝士焗大明虾扒
配有机时蔬

邢彬彬

国家高级烹饪技师，潮流厨艺联盟秘书长，擅长川菜、粤菜、本帮菜、徽菜、创意菜的研发。曾多次参加全国烹饪大赛荣获金奖，现任上海康德餐饮有限公司行政总厨。

芝士焗大明虾扒配有机时蔬

用料： 四头大明虾1只，有机蔬菜300克。

制法：

1. 大明虾去头尾、开片、洗净、加底味腌制后烤熟；
2. 各种有机蔬菜洗净后调入色拉酱做成蔬菜色拉垫底。

点评

明虾烤的时候配上马苏里拉芝士效果最好，烤箱温度应控制在上火220℃下火200℃。烤制时间不能久，防止焦和老。特别强调，有机蔬菜的洗涤要加柠檬酸消毒。

邢彬彬

鲜果鱼丁

邢小亮

国家高级烹饪技师，中国烹饪协会名厨委员会会员。曾获得2014年全国烹饪大赛金奖，2015年海峡两岸厨师大赛特金奖。现任帝芙苑酒店出品总监。

邢小亮

鲜果鱼丁

用料：鳕鱼肉，黄桃，红彩椒，青彩椒。

制法：

1. 将鳕鱼肉切成丁，黄桃、彩椒分别切成大小相同的丁，然后将鱼丁上浆；

2. 油温四成热时，放下鱼丁滑油，黄桃、彩椒丁一起滑油；

3. 沥油后，锅中放少许汤，调味，下鱼丁和配料，勾芡出锅装在事先雕刻好的竹节黄瓜里。

点评

鳕鱼油分较大，上浆前要吸干水分，鸡蛋清不能多放，浆好后最好静置半小时，以防脱浆。此菜以清爽为特色，芡汁不宜多，要能够紧包汁水，盘中没有多余卤汁。惟其如此，才具有审美效果。

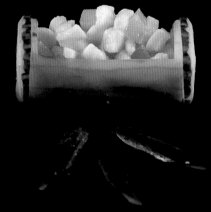

徐讯

中国青年烹饪艺术家，中国烹饪大师，中国徽菜大师，国家高级技师，安徽餐饮业评委，中国徽菜传承者，现任祥源控股集团行政总厨。曾在国内历次烹饪大赛中荣获多项奖牌与殊荣，还曾参加安徽电视台、合肥电视台的美食节目。

干炒风干羊肉

用料：风干羊肉200克，京葱20克，蚕豆酱25克，手工千张10张，干辣椒丝0.5克，姜丝蒜片各1克，料酒3克，鸡粉2克，辣鲜露1克，蒸鱼豉油2克，香油2克。

制法：

1. 先将羊肉浸泡2小时洗净，再放入锅内煮熟捞出，待冷却后用手撕成羊肉丝待用；

2. 将京葱切成4厘米长的细丝放入口碟中，再取另一只口碟放入蚕豆酱待用；

3. 将手工千张改刀成长12厘米、宽8厘米的长方形片，用开水氽一下捞出待用；

4. 净锅上火，放入少许色拉油下干辣椒姜蒜炒香，倒入撕好的羊肉丝，加料酒3克、鸡粉2克、辣鲜露1克、蒸鱼豉油2克调味，翻炒均匀，淋上香油出锅，装入玻璃容器内放在平盘上，旁边摆上千张配上京葱丝和蚕豆酱即可。

徐　讯

干炒风干羊肉

点评

千张用来替换面饼、薄饼包卷菜肴让人眼睛一亮：以前为啥没想到？千张是豆制品，营养价值高，且本身就是纸状，形状规整，排放整齐了自然带有美感。而包卷之物，实在可以多变，大凡面饼能包的千张都行，实在是多了一种选择。

脆菇番茄主义

徐卓一

中国烹饪大师，冷菜高级烹调师。曾在北京首都大酒店、北京天伦王朝酒店、北京渔人码头大酒店、老香港鲍翅酒楼、中油阳光大酒店、沈阳添赢商务大酒店等任冷菜、烧味主管，现任南洋大酒店、上海丽园酒店冷菜总监。

脆菇番茄主义

用料：红番茄1串，朗姆酒400克，雪碧200克，凝胶片适量，冰糖50克。

制法：

1. 番茄去底部，掏空备用；
2. 将辅料调匀挂番茄入冰箱备用；
3. 越南草菇干斩小粒加色拉酱，炼乳拌匀，塞入番茄，装盘即可。

点评

这是一道非常有特色的甜菜。迷你小番茄肚里有料，咬上去会有意外惊喜；外表由凝胶组成的包裹层让番茄更增加晶莹透亮的视觉效果，而且机巧地将奶味触入，构成色味形俱佳的惹人喜爱的艺术效果。称得上是一款构思巧妙的佳作。

许开国

小米粥拼虾糕

许开国

历任上海龙飞饭店厨师长，嘉定宾馆厨师长，华亭宾馆厨师长，德国中国城饭店行政总厨，年跃民大酒店行政总厨，日本上海酒店主厨。现任职于福帝皇宫大酒店、左邻右舍大酒店。

小米粥拼虾糕

用料：虾糕80克，小米50克，盐2克。

制法：

1. 虾糕切片用黄油煎一下；
2. 小米熬成粥装盆即可。

点评

小米粥是很受客人欢迎的，因为在家熬制麻烦，粗粮现在正受欢迎。虾糕是半制成品，一煎即成。一繁一简，代表了一种趋势：给家庭和厨房化繁为简是餐饮业的一个发展方向。

许涛

中国烹饪大师，餐饮业国家级评委，国家高级烹饪技师，上海总厨联盟理事。师从张正龙门下，曾在全国第四届中餐技能创新大赛上获得金奖。参加编著了《京沪融合菜》、《中国大厨的美食世界》、《中国分子意境凉菜》等书籍。曾在汇苑宾馆、中亨汇大酒店、凯撒宫假日酒店等多家酒店任厨师长，现任复旦大学燕园宾馆行政总厨，兼任多家连锁酒店出品顾问。

奶油蘑菇汤培根脆

用料：蘑菇100克，淡奶油100克，黄油30克，培根10克，盐3克，鸡粉3克。

制法：

1. 蘑菇洗净切成片，用粉碎机打成蘑菇泥；
2. 用黄油炒香蘑菇泥加入淡奶油，做成奶油蘑菇汤；
3. 培根烤香后挂在盆子旁边即可。

点评

让汤有嚼头，这是高明厨师的创意。蘑菇汤柔滑细腻，奶香扑鼻，这都是奶油蘑菇汤应有的特点，加入烤制的培根后，香脆为汤增加了嚼感，干香鲜咸又丰富了菜肴的味感，称得上是很好的搭配。

许 涛

奶油蘑菇汤培根脆

严廷红

中国烹饪大师，国家级技师，中国酒店管理职业经理人，擅长淮扬菜、徽菜。现任中国饭店协会青年名厨委员会副主席，安徽省现代徽菜文化研究院副秘书长，扬子江药业集团上海海吉雅会所总监。

牛气冲天

用料：牛头1只，芹菜50克，胡萝卜50克，洋葱50克，盐5克，香料包一份，生抽10克。

制法：

1. 牛头飞水后用蔬菜汁腌12小时；
2. 调制卤水后，把腌好的牛头卤熟，改刀装盆。

点评

这是一款大气而实惠的主菜，味道浓郁。牛气冲天寓吉祥，唯独制作比较麻烦，要将牛头锯开，需要选用大的容器泡洗及卤制，味道要全部依赖卤料的配比，装盘留下了很大的创意空间。

严廷红

牛气冲天

千丝万缕

严祖亮

国家高级烹饪技师、中国烹饪大师。善于新原料的研发，传统菜肴的改良。精于制作粤菜、淮扬菜。曾多次参加烹饪大赛荣获金奖，现任沈家门渔村行政总厨。

严祖亮

千丝万缕

用料：香芋300克，黄油100克，面粉50克，糖15克

制法：

1. 香芋去皮切成细丝；

2. 黄油化开和面粉拌匀，将切好的香芋丝滚上调好面粉盘成球形；

3. 小火慢炸至金黄色即可。

点评

这是一道甜菜，外型美观，口感脆软带有奶香。香芋不同于土豆，成熟后肉质带有糯性，炸脆之后，内里的酥糯比土豆条更具魅力。要特别提示的是，油炸时油温不能高，有糖的存在，特别容易碳化发黑。

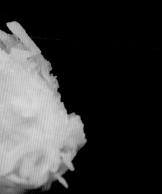

金汤碧绿有机豆腐

杨 超

杨超

国家高级烹调技师，营养师。第一总厨同盟会创始人之一，2014年参加中国烹饪大赛获金牌。曾担任过多家大型酒店行政总厨，现任杭州环球中心西湖文化茶楼总厨。

金汤碧绿有机豆腐

用料：基围虾500克，二汤500克，南瓜50克，鲜豆浆200克，菠菜100克，鸡蛋4个，盐5克，糖2克，河虾10只，五花咸肉20克，蘑菇50克。

制法：

1. 基围虾背部开刀去沙线，南瓜蒸熟打汁，放入虾汤内，添加一些二汤，熬制虾汤；

2. 菠菜焯水打汁，豆浆与鸡蛋一起打匀，放入底味，与菠菜汁混匀，上笼蒸制6分钟；

3. 蒸好碧绿豆腐，改刀放入虾汤内，放入咸肉、河虾、蘑菇小火炖制5分钟，调味即可。

点评

此菜妙处，全在豆腐。这个豆腐是用豆浆和蛋清加上菠菜汁做成的。蛋清遇热会收水凝结，较之盐卤或葡萄糖酸内酯，蛋清做成的豆腐更滑嫩，更细腻。菠菜汁不仅提供了碧绿的颜色，更把大量的维生素凝固在了豆腐里。所以这道菜不仅好看，而且营养丰富。

清酒鹅肝冻左明列子

杨　海

杨海

中餐国际推广杰出贡献奖获得者，中华金厨奖获得者。餐饮业国家级评委，中国注册烹饪名师。上海总厨联盟执行会长，上海市餐饮烹饪行业协会理事，世界中餐名厨交流协会理事，中国餐饮供应链协会名厨专家委员会副主席。由于擅长海参的烹调及制作，在业内有"海参王子"的美誉。现任和记小菜餐饮连锁金玉兰店、新东亚店总经理。

清酒鹅肝冻左明列子

用料：鹅肝200克，蜜豆15克，明列子3克，清酒200克，牛奶200克，盐5克，鸡粉3克。

制法：

1. 鹅肝自然解冻后用牛奶泡12小时，加黄酒葱姜蒸熟；明列子温水泡透备用；

2. 把冰镇好的鹅肝切成正方形叠在盆子上，泡好的明列子撒在旁边，蜜豆煮熟撒在上面即可。

点评

鹅肝号称世界三大美味之一。它的美在于一个肥字，入口而化，有点含花冰淇淋的感觉。这种感觉的来源就是因为鹅肝全体充满脂肪。要特别说明的是这种脂肪富含不饱和脂肪酸，不会造成人体肥胖。新鲜鹅肝大多用来轻煎，半生不熟地上桌，以求原味，但国人不甚习惯，取蒸熟法，原味依然，质感更加细腻。

杨敬伟

中国烹饪大师，国家高级烹饪师。擅长海派菜的料理。曾任上海毛家饭店行政总厨，现任小港湾连锁酒家总经理。

蜜瓜卷帕尔马火腿

用料：帕尔马火腿3片，哈密瓜300克，豌豆苗、青柠各5克。

制法：哈密瓜用挖球器挖成球形，再把球形的哈密瓜中间的肉去掉，切好片的火腿酿在哈密瓜球中即可，豌豆苗、青柠点缀装饰。

点评

中国出产金华火腿，用来蒸煮熬汤，鲜香悦口，世界闻名；西班牙也出产火腿，但却是生吃的。两者外形很像，制作工艺不同，口味也不同。品尝西班牙火腿，色泽红火悦目，不咸不柴，适合细品，鲜香味道悠长。用哈密瓜作陪衬，清甜做底，浓鲜味道得以鲜明地张扬。

杨敬伟

蜜瓜卷帕尔马火腿

杨乃流

中国烹饪大师。现任铁山宾馆餐饮部经理。曾荣获芜湖市政府"五一"劳动奖章、十佳文明职工模范、安徽省名厨状元称号和"国际食神奖杯"。2012年参加"全国淡水鱼大赛"获第一名及个人特金奖。2015年参加芜湖市职工第六届技能大赛获"团体特金奖"。

一品烩双鲜

用料：江鮰鱼，肥膘肉，千张，马兰头，冬笋，高汤，菜心，盐，鸡精，味精，胡椒粉适量。

制法：

1. 取鮰鱼净肉加肥膘做成鱼丸；
2. 马兰头焯水切末，冬笋切末加调料拌和备用；
3. 用千张将马兰头、冬笋包成石榴包；
4. 加高汤烧开石榴包和鱼丸，烧透装盘，加菜心点缀即可。

点评

一盘之中两种形态，一圆整洁白，一如烧麦，人工痕迹明显。烹饪有时就是要简单事情复杂做，取得的效果就是"有模有样"，可圈可点。这两种原料还是蛮般配的，荤和素营养均衡；浓与淡，口味互补又统一在汤中。

一品烩双鲜

石榴素鹅包

杨文军

国家高级烹饪师，多次参加全国大赛获得好成绩。擅长烹制浙江菜。现任杭州云栖海航度假酒店 / 中国天下第一城厨师长。

石榴素鹅包

用料：薄百叶2张，马兰头100克，盐、糖、味精适量。

制法：

1. 将薄百叶切成正方形，沸水煮10秒，冷却待用；马兰头飞水剁碎、拌咸鲜味；
2. 用薄百叶包起来成烧麦状，用芹菜丝打结装盘即可。

点评

将百叶包裹素馅心与百叶丝一起凉拌本质上是一回事，但是，厨师和家庭烹调的区别也就在这里体现出来。中国烹饪是文化、是艺术。在完成果腹层面的需求之后，色香味形俱佳成为人们的追求。看得出来，这道菜的艺术美感强烈，"烧麦"们大小一致折纹一致，没有扎实的基本功绝做不到。手艺的"艺"就是艺术的"艺"！

杨文军

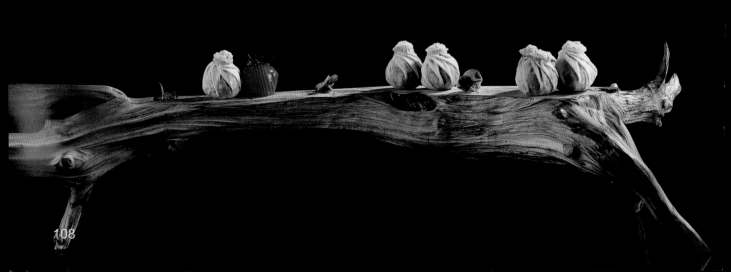

杨云宝

毕业于上海旅游专科学校，师从张正龙门下。国家高级烹调师，上海烹饪协会会员。历任好望角大饭店、夏园宾馆、普京国际大酒店厨师长，现为帝芙苑大酒店行政总厨。曾在2005年、2011年获得中国名厨烹饪大赛金奖，2014年获得全国烹饪大赛金奖，2015年获得海峡两岸厨师大赛特金奖。

石斛浸老鸭

用料：老鸭1只，食盐100克，石斛20克，枸杞子、葱段、姜片、八角少许，花椒20粒。

制法：

1. 将老鸭洗净，待用；

2. 食盐100克，外加20粒左右的花椒，以及少许八角，放入锅内炒香，炒到食盐有些微微发黄，花椒和八角渐渐出香味为止；

3. 将炒好的盐，趁热抹在老鸭上，多多揉擦，让盐渗入，放入真空保鲜盒里，放入冰箱冷藏24~48小时；

4. 将老鸭放锅中，加水、石斛20克、枸杞子、葱段和少许姜片、花雕，焖煮至酥烂；在汤里凉透后取出改刀装盘。

点评

老鸭腌透、煮透、浸透，味道自然深入肌理，香鲜诱人。这里说说容易被人疏忽的浸透。煮完之后，鸭子的色面和味道定型全赖它。假如直接捞出，鸭皮风吹后颜色必然暗淡；腌和煮的时候，鸭子水分会有流失，而在浸的时候水分会回流。含水多少直接决定了鸭子的口感。

石斛浸老鸭

金牌啤酒龙虾

余华田

国家高级技师，曾任多家饭店行政总厨、总经理职务。多次参加全国烹调大赛获得金奖。为鱼虾满堂董事长。

金牌啤酒龙虾

用料：清水小龙虾1000克，芹菜150克。

制法：

1. 先将龙虾剥头去筋洗净油炸，芹菜洗净切成段备用；

2. 锅中倒入少许油加姜片、京葱片少许煸香，放入花椒10克、辣椒粉15克，加入200克啤酒，倒入龙虾，加盐15克、糖30克、味精15克，烧5分钟。放入芹菜、孜然粉30克、蒜泥50克即可。

点评

小龙虾风靡全国，至今不衰。它的亮点就在于客人可以自己动手剥食，气氛好，壳大于肉，吃好有成就感。加上这些年来，小龙虾的烹制技术得到了提炼和提升，更趋合理也更加美味。小龙虾自身带有异味，所以重用香料是必需的。香料是一种双刃剑，用得好，适口自然，增香添彩；倘配比不合理，反而浊口不悦，凡事有个度，烹饪之道，调和为上。

余华田

黑松露布袋豆腐

俞飞

国家高级烹调师，中国饭店协会名厨委员，卓越鸿图技术研发部经理。

黑松露布袋豆腐

用料：日本豆腐2根，虾仁10个，胡萝卜70克，青彩椒20克，金针菇70克，清水笋0克，蒜泥10克，姜末5克，笋50克，干辣椒丝2克。

制法：

1. 将虾仁切粒、胡萝卜、青彩椒、茭白切丝、飞水；

2. 取平底锅一个、烧热，下入橄榄油20克，入蒜泥、姜末、干辣椒丝煸香，下入所有主副料煸炒，加入调料：蚝油、盐、味粉、鸡粉，出锅加入黑松露酱10克；

3. 将日本豆腐入油锅炸，切一头、挖去豆腐。飞水30秒、控干水分，将炒好的料塞进里面，用芹菜丝打结。装盘配烫熟的2个有机番茄、鸢尾花即可。

点评

利用圆柱状的豆腐油炸再掏空，就成了一个布袋，想法、做法、效果都有新意。填入布袋的原料保持全素，也是一种设计。怕味道不够，最后加入了黑松露酱提鲜，也提升了菜肴的档次。由此发散，布袋里还可以装其他东西，味型也可以有多种选择。

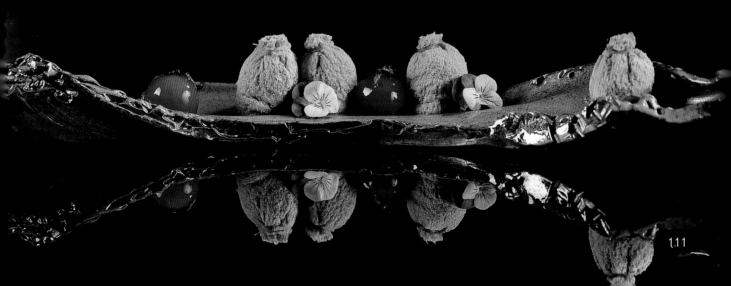

袁盛

国家高级烹调师、中国烹饪协会名厨委员会会员。毕业于北华航空工业学院，师从中国烹饪大师张正龙先生。注重对新鲜食材的研发，擅长本帮菜、淮扬菜，尤精杭帮菜。曾在2014年中华味魂国际邀请赛上获得"国际烹饪特金奖"。现任杭州云栖海航度假酒店厨师长。

袁 盛

酒香烧汁猪肝

用料：猪肝250克，京葱30克，胡萝卜30克，西芹30克，香菜梗15克，蒜子15克，烧汁120克，日本清酒60克，冰糖50克，香醋30克，桂皮20克，八角4颗，香叶5~6片，干辣椒5颗。

制法：

1. 将新鲜猪肝先改刀成小块，焯水。猪肝捞出放入冷水中冲洗，然后二次用沸水把猪肝煮熟，待冷凉后改刀成四方颗粒。

2. 锅放入油，入所有调料调制成卤水，将猪肝放卤水中浸泡36小时取出，装盘即可。

点评

这是猪肝的新做法。猪肝要么断生即起，取其嫩；要么煮烂取其酥粉。这道菜猪肝还是以鲜嫩为主的，所以加热过程只是两次焯水。目的是为了除去猪肝的异味。猪肝的结构比较致密，入味也不易，所以在加工过程中用竹签扎空是好办法。

松茸汤石烹长江鮰鱼

张志伟
国家烹饪高级技师，中国饭店协会会员。师从张正龙门下。
上海青年厨师技术能手，中国名厨烹饪大赛个人赛获得特金
奖。现任安徽省文一戴斯酒店中餐厨师长。

松茸汤石烹长江鮰鱼
用料：长江鮰鱼1条（约750克），马蹄150克，肥膘50克，松
茸菌30克，羊肚菌10克，手剥青豆15克，自制清汤1000克，
蛋清30克，盐15克。
制法：
1. 将鮰鱼洗净切成小粒，加入盐、蛋清手打上劲后加入肥膘
粒，马蹄碎搅拌均匀；
2. 自制清汤加入松茸菌、羊肚菌、长江鮰鱼煲50分钟，至鱼
肉酥烂；
3. 取耐高温纸包裹成型，将烤好的雨花石垫底，上菜时保持
菜肴沸腾。

点评
菜肴需要不断革新不断改进，其
改进离不开传统的基础、百变
不离其宗。用鮰鱼肉做狮子头
不仅肉质比较细腻、滑润，而
且营养丰富。用松茸汤来煲鮰
鱼能很好增加鱼的鲜味，利用
雨花石加热保持沸腾，令食客
耳目一新。

张彪

现任安徽省马鞍山市田园饭店（四星级）责任有限公司行政总厨。中国烹饪大师，高级技师，安徽省烹饪协会理事，马鞍山市"名厨联盟"秘书长；安徽省亳州市艺苑厨师培训学校客座教授，安徽省现代徽菜文化研究院研究员。曾屡次在国内比赛中任评委，其作品也多次在国内餐饮杂志上发表。

什锦拌海蜇边

什锦拌海蜇边

用料：海蜇裙边50克，紫生菜30克，花边生菜30克，花生米10克，小番茄5克，苦菊20克，米醋5克，糖3克，盐2克，生抽4克，美极鲜3克。

制法：

1. 海蜇裙边用水泡去咸味后备用；
2. 上述蔬菜洗净垫底，海蜇裙边放在上面；
3. 把调好的酱汁淋在上面即可。

点评

海蜇裙非常脆嫩，将它与蔬菜色拉相伴，提高了色拉的档次。其清脆的质感和跟种蔬菜的脆嫩感非常协调。也符合现代营养学崇尚原味本质美的理念。

张彪

巧手松仁野菜卷

张大千

中国烹饪大师．国家级高级技师，国家级评委，淮扬菜烹饪大师。中国饭店协会冷菜专业委员会主席。

巧手松仁野菜卷
用料：野菜200克，松仁50克，薄百叶3张，盐3克，糖3克，鸡粉3克
制法：
1. 野菜洗净用开水烫熟切成末备用；
2. 薄百叶开水烫熟用矿泉水泡凉；
3. 切好的野菜和炸好的松仁加入基本味拌好用薄百叶卷起来改刀即可。

点评
这是家常菜提升版的经典之作。整齐划一、美观大方、清香宜人、成本低廉。好厨师的本事之一就是要将简单的菜肴做得上档次，有附加值。这道菜的亮点还在于加了松仁，让清淡之中添加了油香，口感更加丰满。

碳烤羊排

张磊

中国烹饪大师。擅长时尚冷菜、创新菜、本帮菜。曾担任上海爱晚亭冷菜主管。西郊花园酒店厨师长，上海星辰大酒店冷菜顾问，上海时尚派餐饮管理有限公司冷菜顾问，现任上海胜亮酒店管理有限公司冷菜出品总监。

碳烤羊排

用料：新西兰羔羊排500克，花边生菜10克，小番茄10克，迷迭香5克，孜然5克，黑椒汁10克。

制法：

1. 羊排用蔬菜汁腌6小时；
2. 把腌好的羊排煎成金黄色再放烤箱烤20分钟；
3. 把蔬菜放在羊排旁边淋上黑椒汁即可。

点评

用蔬菜香料、黑胡椒来调味，是西餐菜肴烹制常用的手法，除了体现菜肴主味之外，除腥去异是目的。所以一些动物性原料尤其是畜类原料常用此法。羊排腌制后再烤，香味更加浓郁。而羊肉的质感，则取决于火候和原料自身的品质。

十五年太雕醉花蛤王

张良喜

国家高级烹饪技师，曾荣获第十届中华食神争霸赛金奖。担任过上海（莱美）美上海餐厅厨师长，现任上海聚喜堂大酒店行政总厨。

十五年太雕醉花蛤王

用料：大花蛤300克，鲜辣椒5克，干冰50克，十五年花雕50克，冰糖10克，话梅2个，鸡粉3克。

制法：

1. 花蛤用盐水养去里面的沙，沸水烫至每个花蛤壳都张开；

2. 花雕酒等调料一起调成秘制酱汁，把烫好的花蛤泡在酱里，泡6小时即可。下面干冰加水烟雾腾起即可。

点评

实际就是拌炝花蛤，制法简单。难点在于味道的调制。浓郁的酒味为主基调，兼有华美的酸甜和轻微的辣椒辣味。可以想象略带脆嫩鲜味十足的蛤蜊得此点化，味道顿时丰富适口，别具神韵。

张年保

爽口瑶柱燕尾鱼

张年保

国家高级烹饪大师，国缘兄弟上海厨师联盟会副会长，亚新烹饪协会常务理事。曾多次荣获烹饪大赛金奖。擅长制作农家菜、土菜、徽菜。现任上海庆鸿楼楼行政总厨。

爽口瑶柱燕尾鱼

用料：燕尾鱼1条，潮州酸菜3片，蘑菇50克，瑶柱1粒，小胡萝卜1支，自制蟹粉30克，淡奶油20克，黄油5克，鸡粉5克。

制法：

1. 蘑菇洗净切片用黄油炒香，加入淡奶油、酸菜汁煮成蘑菇汤备用；

2. 燕尾鱼洗净用黄油煎熟加入制作好的魔菇汤和酸菜煮熟装盆；

3. 把炒好的蟹粉淋在燕尾鱼上，最后放入小胡萝卜点缀即可。

点评

奶油、黄油，典型的西洋风味；酸菜、蟹粉却是十足的中国味道——所谓中西合璧。奶油黄油的厚实中西结合决不是简单的元素叠加，要相辅相成，和谐一致才见功力。黏腻遇到酸菜的破解，双方降低级别的结果是更适口和谐，加上蟹粉的助鲜，复合成美妙的滋味。

葱烧素佛斋

张绍威

中国烹饪协会会员，国家高级技师，中国烹饪大师。1999年毕业于南京烹饪专科学校。现任"荷风细雨"中国文化创意馆总厨。

葱烧素佛斋

用料：鲜松茸20克，鸡油菌20克，鸡枞菌20克，豆腐皮1张，自制葱烧汁50克。

制法：

1. 豆腐衣低温炸后浸冷水；各种菌菇过油炸至金黄色；

2. 葱姜煸香加高汤熬出香味，捞出葱姜放炸过的菌菇煲至20分钟，捞成原料，用豆腐衣包成球，淋上葱烧汁，装盘点缀即可。

点评

这是菌菇的大集合，鲜美是最大特色。而细分的话，最为突出的味道当属葱香味。葱多与荤料相配，以其特有的香味去遮盖、中和掉腥异味。但是，只要用得巧，葱与素料也般配。当它与菌菇类原料相遇时，会与菌香复合，会令香味更加宜人。

张绍威

蟹粉干丝

张先啸

张先啸

中国烹饪大师，中国国缘兄弟御印联盟理事。历任上善若水餐饮管理公司董事，忆江南营销总监，海上海总经理，明辉大酒店总厨，现任石湖大酒店厨师长。

蟹粉干丝

用料：白干2块，蟹粉20克，盐2克，黄酒2克，鸡粉2克。

制法：

1. 白干盐水煮20分钟后冷却，切成细丝；
2. 起锅焗香姜末和蟹粉，加入清鸡汤烧开后放入切好的干丝，勾薄芡装盆即可。

点评

蟹粉本为高档原料，鲜美绝伦。它与任何原料搭配，都可以无私地奉献它的美味去影响、感染别的原料。所以本身无味的原料最喜欢与它合伙。干丝是大众喜欢的原料，有绵软的质感，缺的就是鲜味，得蟹粉的提携之后，平步青云。

椰香陈皮琵琶腿

张向阳

中国烹饪师，国家高级技师。上海总厨俱乐部创会会员，在中国名厨烹饪技能大赛中荣获一等奖。曾在江南春大酒店、南通希尔国际酒店、海鸥饭店担任主厨，在上海爱晚亭酒店担任厨师长，现任防盛餐饮管理有限公司担任行政总厨。

张向阳

椰香陈皮琵琶腿

用料：琵琶腿1只，特制陈皮15克，椰丝5克，老抽5克，糖12克，叉烧酱30克，甜面酱20克。

制法：

1. 琵琶腿洗净用上述酱料做成酱鸭腿；
2. 椰丝用烤箱烤香垫在盆子底面；
3. 琵琶腿改刀装盆即可。

点评

此菜看似简单，但酱制鸭腿所用的调味料十分讲究，突出的是透骨的香和浓郁的酱味。最令人称奇的是在完成烹调之后用烤香的椰丝来点缀。椰丝烤制后，张扬的香味挤压已经入味的香料味道，结果是明香暗香齐力将主料的美味推向极致。

张永刚

国家高级烹调技师， 国缘兄弟御印联盟理事。现任海景商贸行
总经理，俏哥餐饮管理咨询有限公司董事长。

诱惑金丝明虾仁

用料：明虾8只，哈密瓜50克，糖50克，盐2克。

制法：

1. 明虾去头去壳洗净备用，哈密瓜挖成球形；
2. 明虾上浆做成球形，和哈密瓜一起拍粉炸熟用竹签串起来；
3. 把棉花糖裹在竹签上即可。

张永刚

诱惑金丝明虾仁

点评

将水果与明虾穿在一起是这道菜的特色。
海鲜与大部分水果都可以配合，清香酸甜
的口感总会令海鲜的鲜味得到发扬光大。
用竹签串成串，特别受小朋友的喜欢。

农家三鲜

郑发争

入行28年，从最基本的厨务干起，打下了扎实的基本功。擅长海派菜的制作。曾担食味阁、本味坊、亭韵阁等多家酒店的厨师长。

农家三鲜

用料：基尾虾、青鱼、咸肉、水发肉皮、鲜香菇适量。

制法：将青鱼肉片成瓦片状炸成爆鱼；咸肉切片，水发肉皮改成菱形块，香菇去蒂，改十字刀花，用金汤煨制入味，分装即成。

点评

农家大杂烩。用农家两字，比较纯朴，从选料到制作，看似并无难处；但是细究起来还是有道道。鸡鸭鱼肉必经先期处理，不能带有腥异味；必用好汤而非自来水是味道好坏的关键；烧开之后又用中火煨焖一定时间，是汤、料融合的关键。

郑 发 争

爽口葫芦丝

钟会满

国家高级烹调技师，中国饭店协会会员。荣获2010年名厨大赛金奖。曾在江苏、上海、浙江众多城市饭店宾馆任厨师长，现任香港酒店驻店行政总厨。

爽口葫芦丝

用料：西葫芦500克，白芝麻5克，香醋30克，蚝油10克，辣鲜露5克，糖8克。

制法：

1. 西葫芦洗净用刨丝机刨出丝状，然后一排一排地卷起来装盆；
2. 把上述调料调成秘制酱料跟味碟上去即可。

钟会满

点评

寻常原料，精心制作，效果出众。烹饪创意在于视野的开阔，所谓见多识广，加上灵感的发现。当然，灵感来自平时的积累。假如这道菜只是以粗细一致长短相等的细丝呈现，你只是发出一声赞叹；这些丝被编织成环形花纹，你就会大呼神奇了——尽管看上去好像并不难。

周家贵
竹筒糯香仔排

周家贵

曾在上海和平饭店、梅园村酒家、海宝大酒店工作任厨师长。2007年参加国务院国有资产监督管理委员会事业单位商业技能鉴定与餐饮服务发展中心联合主办的"亚洲国际厨皇擂台赛"荣获个人专业组热菜特金奖，并获"食神"称号；2006年作品"金丝双味虾"在首届满汉全席名师大赛荣获金奖；2007年被《中国当代名厨》收录，并荣获中华优秀厨师称号。2007年担任首届爱心国际名厨争霸赛评委。目前司职北京金鼎轩酒楼有限责任公司，研发设计菜品。

竹筒糯香仔排

用料：肋排150克，糯米150克，白果6只，美极鲜5克，蚝油3克，糖3克。

制法：

1. 糯米浸泡过夜，撒在纱布上蒸熟，加入美极鲜、蚝油、猪油、糖拌好备用；

2. 肋骨切成10厘米长的段红烧备用；

3. 把拌好的糯米和肋骨拌匀后塞在竹筒里蒸熟；

4. 上菜时把竹筒破开装盆即可。

点评

由于竹筒的参与，使得平常的菜肴变得不平常起来。竹筒自有的香味、竹筒装盘的形式，原料经过竹筒密封蒸制后各种味道的融合，都给菜肴带来不寻常的美味。要提醒的是，竹筒一定是新竹，仅限使用一次。

周奔驰

中国烹饪大师，国家一级评委。毕业于上海高等旅游专科学校，多次参加全国大赛获得金奖。尤精于冷菜和分子美食的创意制作。现任张家港江南花园酒店总厨及顾问。

竹炭五花腩

用料：去皮五花肉500克，葱姜各5克，烧焖鲜100毫升，片糖100克，料酒50毫升，竹炭粉0.1克，六月鲜50克。

制法：

1. 去皮五花肉切两指宽的条，焯水至断生，洗净沥干备用；
2. 锅上火加色拉油烧至六成热，五花肉快速下锅炸6~7秒倒出控油；
3. 锅留余油，上火，煸香葱姜，加水，竹炭粉，用搅拌机打至竹炭粉全部溶解，加入调料，加入五花肉大火烧开，打去浮沫，加盖转小火焖三刻钟；
4. 大火收至汁浓时起锅，将肉改刀装盘，淋上汁水，用喷枪燎烧至表面有滋滋响声，焦糖香与脂香融合散出时再淋一次汁水上桌。

点评

看似平常的一块五花肉，却因为烹饪者的雕琢而赋予了其新的生命。何谓美食？除了口感还需观感。而此菜恰恰符合了以上两点。看得出菜品装盘主要是从日本枯山水盘和中国水墨画获取灵感，在"方寸之地幻出千岩万壑"，肉质的肥美与枯叶的干涩相对应。就如禅意中的动与静同是美却又截然不同。此菜体现了烹饪者的艺术修养和境界。

周奔驰
竹炭五花腩

咱家酒香肉

周辉

毕业于成都八一军烹校，国家高级烹调技师。擅长川菜、海派融合菜的烹调。担任多家饭店厨师长。

咱家酒香肉

用料：黑猪中方500克，自制红烧酱150克，3年陈花雕酒1000克，高度白酒300克，大蒜子50克，芦笋1棵，龙眼1个，草莓1个。

制作：

1. 将黑猪中方切成3厘米正方块、绰净血水；
2. 取大砂锅一只，底下放入竹垫、肉块和自制红烧酱料，大火烧沸加盖改小火慢炖2小时，待汤汁浓稠即可。

点评

色泽红亮、入口即化、肥而不腻、回味无穷。

周　辉

法式煎焗牛仔骨

周开放

高级烹调技师。擅长河南菜的烹制。曾在郑州裕达国贸工作，现任芙蓉小镇董事长。在国际烹饪大赛曾多次获得金奖。

法式煎焗牛仔骨

用料：牛仔骨500克，红酒20克，洋葱、蔬菜汁、黄油、法式黑椒汁少许。

制法：

1. 牛仔骨用蔬菜汁腌制后下锅煎至八成熟时淋入红酒取出装盘；
2. 黄油炒香洋葱，放入黑椒汁敖浓，在牛仔骨面上淋上法式黑椒汁。

点评

牛仔骨煎八成熟是为了保证口感嫩滑，煎的时候火力稍旺。黑胡椒酱决定了牛仔骨的口味。倘自己熬制，要将牛骨烤焦加水熬成浓汁再调味，突出浓厚牛味。

周 凌

鲜果三文鱼冰淇淋

周凌

中国烹任大师，国家高级烹饪技师，中国饭店协会委员，国家营养配餐师。师从香港名厨谢成发先生，潜心新原料的研发，传统菜肴的改良。擅长制作粤菜、川菜、海派菜。曾多次参加烹饪大赛荣获金奖。现任上海添香调料有限公司菜品研发顾问。

鲜果三文鱼冰淇淋

用料：三文鱼50克，苹果20克，牛油果20克，香蕉20克，蛋筒杯3只，爆米花50克，盐1克，冰激凌100克。

制作：

1. 三文鱼和水果切成丁备用，用淡奶油和冰激凌一起拌匀；
2. 爆米花作为底座，把拌好的三文鱼冰激凌装在蛋筒杯即可。

点评

三文鱼适合吃生的，因此常见的制作方法是刺身、凉拌。不过三文鱼不仅生吃，而且与甜口的水果相伴，实在是一种大胆的创新。出新的地方还有盛器，是带有脆性的爆米花卷，香脆、脆嫩、奶味，加上冰淇淋，品尝时也要大胆。

周义峰

周义峰
中国烹饪大师。从业18年，长期在星级酒店担任厨师长。参加过各类烹饪大赛获取多枚金牌。

鲜菌拌虎尾
用料：手划鳝丝50克，金针菇10克，笋尖10克，香菇10克，杏鲍菇10克，老抽3克，糖5克，蚝油5克，麻油5克。
制法：
1. 先把干的菌菇浸泡6小时后洗净切成条；
2. 鳝鱼用90℃的水烫熟划成鳝丝；
3. 起锅先把葱姜蒜爆香，加入鳝丝和菌菇炒香加调料烧至入味，起锅时淋入麻油即可。

点评
虎尾专指黄鳝的背部肉，质地软而带有糯性。淮扬菜对黄鳝烹制特别有讲究，虎尾说是淮扬菜对黄鳝细分的结果。然而在虎尾里加入菌菇同烹，却已是在发挥。但是结果无疑是合理的。菌菇的鸟甘酸成分与黄鳝的核苷酸结合，将鲜味提升了几十倍。

鲜菌拌虎尾

祝磊

三代为厨. 现为中国烹饪大师，国家高级技师，国家级评委，中国徽菜大师，国家营养师。安徽省烹饪协会办公室副主任，安徽省餐饮协会副秘书长，名厨委执委。安徽烹饪名师。他参加过各类大赛获奖无数。2003年参加了中国烹饪协会主办的中国民间民族菜肴华西美食节首届中国民间菜肴热菜比赛，荣获了特金奖。1989年起，先后在合肥天都大厦、警星楼、万友大酒店、寿县政和楼、和县新天府大酒店担任行政总厨、餐饮部经理，目前司职合肥金筷子大酒店，担任餐饮总监兼行政总厨。

烟熏鲷鱼配上海葱油拌面

用料：鲷鱼300克，面条100克，白果30克，XO酱10克，香茅草20克，老抽10克，蚝油10克，冰糖30克，茶叶100克，白糖30克。

制法：

1. 鲷鱼洗净加香茅草、调味料腌制12小时，然后再用钩子挂起来吹12小时至干；

2. 烤箱温度调试上火180℃下火160℃烤15分钟，再用茶叶和糖一起烟熏5分钟，改刀装盆即可；

3. 面条下熟后用老抽和糖、XO酱一起拌和，放入白果即可。

烟熏鲷鱼配上海葱油拌面

点评

鲷鱼烹调取用熏烤法，肉质嫩而有弹性，特别是浓郁的烟味，味菜肴增添了特殊的口感。制作过程中每个步骤都有讲究，丝毫不得马虎。尤其是在烟熏阶段，一定要掌握好火候，让烟冒出而不见明火，时间也不能长，一旦真有焦味，则前功尽弃。

邹 磊

石斛养生功夫汤

邹磊

中国烹饪大师，国家烹饪高级技师，高级公共营养师，国际烹饪大师，徽菜顶级大师，安徽省十佳优秀行政总厨。
被湖南卫视《食行中国》栏目聘请为餐饮顾问，担任第四、五、六届《中国名厨》烹饪大赛贵宾评委。

石斛养生功夫汤

用料：乳鸽50克，蹄髈肉25克，牛里脊肉25克，老母鸡1只（煲成鸡汤），海马半只，霍山石斛2颗，虫草花3根。

制法：

1. 将老母鸡杀好洗净改刀成大块飞水，再清洗一遍。取一只大砂锅将鸡块放入加满水，再加一颗干贝烧开后转小火
煲制5小时，取其鸡汤待用；

2. 将乳鸽杀好洗净去掉头爪，改成1.5厘米见方的块，蹄髈去掉皮和肥油，牛肉去掉外面的筋也改成1.5厘米见方的
块，全部飞水后洗净；

3. 取紫砂壶放入上述主料和海马、霍山石斛、虫草花，将上述鸡汤加花雕酒、盐调好味倒入紫砂壶内加盖，上蒸箱
蒸2小时，另用干冰造势。

点评

做汤看似简单，其实是一门学问。难在原料选配和处理、火候掌控上。此菜选用鸡、鸽、牛肉和蹄髈，是一种加强版
的汤料配伍，再加上海马、霍山石斛、虫草花，食疗补益作用明显。成品汤汁浓郁醇厚，但是汤汁依然清澈见底。这
取决于原料的初加工务必除净血水，改炖为蒸。蒸利用空气作为导热体，可以减少水分的对流，让原料的呈鲜物质
慢慢析出，最终保持了汤汁的纯净。

上海申特创意菜配送中心

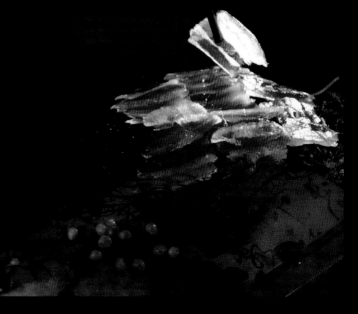

余华斌

从业厨龄30年，国家高级烹调师，20世纪80年代末以上海本帮菜为主流，前后做过多家大型酒店总厨，与沪上百厨合著出版图书，以本帮菜、淮杨菜发表个人作品，后跟随张正龙大师创办申特创意菜配送中心，现任上海申特创意菜配送中心总经理。

史名自制出缸肉

余华斌

满城锦带青花鱼

史名自制出缸肉

用料：自制好出缸肉200克。

制法：洗净整条出缸肉，放入蒸箱内大火蒸15分钟，改刀装盆即可。

点评

大缸中腌制出缸肉，早期有张正龙大师独立配方，肉汁甜香，薄片更显透明。

满城锦带青花鱼

用料：青花鱼150克。

制法：开袋即可食，微波炉1分钟或200℃烤箱2分钟最佳。

点评

青花鱼来自普通食材，经配方腌制后工业化生产，方便即食口味稳定。

图书在版编目（CIP）数据

中国百厨轻奢美食 /张正龙编著. -- 上海 :上海
科学普及出版社，2017.3
　　ISBN 978-7-5427-6869-8

　　Ⅰ.①中… Ⅱ.①张… Ⅲ.①菜谱－中国
Ⅳ.①TS972.182

　　中国版本图书馆CIP数据核字(2017)第041039号

责任编辑　　赵　斌　林晓峰

中国百厨轻奢美食
张正龙　编著
上海科学普及出版社出版发行
（上海中山北路832号　　邮政编码　200070）
http：//www.pspsh.com

各地新华书店经销　　上海文艺大一印刷有限公司印刷
开本　889×1194　1/16　印张9　字数180000
2017年3月第1版　　2017年3月第1次印刷

ISBN　978 -7-5427 -6869-8　定价：98.00元